世界上最可愛的
貓咪毛線帽

世界上

最可愛的

貓咪毛線帽

Hands 50
世界上最可愛的貓咪毛線帽
30款給貓主子的棒針及鉤針編織帽

作者｜莎拉‧湯瑪斯（Sara Thomas）
翻譯｜趙睿音
美術完稿｜許維玲
編輯｜彭文怡
校對｜連玉瑩
企畫統籌｜李橘
總編輯｜莫少閒
出版者｜朱雀文化事業有限公司
地址｜台北市基隆路二段13-1號3樓
電話｜02-2345-3868
傳真｜02-2345-3828
劃撥帳號｜19234566　朱雀文化事業有限公司
E-mail｜redbook@ms26.hinet.net
網址｜http://redbook.com.tw
總經銷｜大和書報圖書股份有限公司　（02）8990-2588
ISBN｜978-986-94586-6-5
初版一刷｜2017.10
定價｜350元
出版登記｜北市業字第1403號

Cats in Hats: 30 Knit and Crochet Hat Patterns for
Your Kitty
by Sara Thomas
Copyright © 2015 Quarto Inc.
Complex Chinese edition published by Red
Publishing Co., Ltd in 2017 under the arrangement
with Quarto Group., through LEE's Literary Agency.
All rights reserved.

....

About 買書
●朱雀文化圖書在北中南各書店及誠品、金石堂、何嘉仁
等連鎖書店，以及博客來、讀冊、PC HOME等網路書店
均有販售，如欲購買本公司圖書，建議你直接詢問書店店
員，或上網採購。如果書店已售完，請電洽本公司。
●● 至朱雀文化網站購書（http：//redbook.com.
tw），可享85折起優惠。
●●●至郵局劃撥（戶名：朱雀文化事業有限公司，帳號
19234566），掛號寄書不加郵資，4本以下無折扣，5～9
本95折，10本以上9折優惠。

目錄 CONTENTS

歡迎光臨我的編織世界！

說起我對貓咪和編織的熱愛，完全來自於對祖母的愛慕。大家都叫她阿嬤，她住在田納西州納許維爾市（Nashville）一棟美式手工匠風情的兩層樓小屋裡，與許多貓咪、毛線一起生活著。我們經常去祖母家，她訴說著孩童時在德國成長的故事，一邊說著一邊以「歐陸式起針」（continental style，歐洲大陸式左手持線）方式編織，完成的織品質料與觸感令我深深著迷。有時候一個週末便能織好一件毛衣。她會把自己設計的作品販售給當地的商店和名人，這是她養活一家八口的十八般武藝之一。週末拜訪祖母家的行程，不僅可以貓咪抱滿懷，接觸到許多手工藝材料，加上爸爸與阿嬤的溫暖鼓勵，讓我獲得許多啟發。

長大之後，我到倫敦攻讀時尚設計，透過學校的課程，我開始對纖維藝術（fiberarts）產生興趣，我熱愛由線和兩根棒針創造出來的魔法，還有這門技藝背後的歷史。

2009年3月，我實現了六年來的手作夢想，在Etsy平台上開設了「Scooter Knits」網路品牌，開始販售手工作品。大學裡獲得的經驗，讓我有勇氣與全世界分享自己的手作。我的第一頂貓咪帽誕生於2009年8月，當時領養了第一隻貓咪桃樂絲（Dorothy），我替桃樂絲縫了一件小T恤，蓋了一間小房屋，對於這位自認是淑女的貓咪小姐來說，再來一頂小帽子似乎是理所當然。我從來沒想過，在Etsy上架的第一頂貓咪帽，竟然會成為「Scooter Knits」的熱門商品，至今已經五年了，想到這我仍然充滿了感激。

我希望你在編織這些帽子的過程中，能像我設計時一樣愉快。過去幾年，我捕捉到許多我家貓咪戴著帽子的美好時刻，希望你也能做到！對我來說，貓咪是我生命中很特別的一部分——牠們不像有些人認為的只是冷漠的寵物，是聰明又有獨特個性的動物。本書就像一首謳歌，歌頌了貓科朋友的多樣面貌，好好利用書裡的編織圖，讓你家貓咪在全家福照片、聖誕卡或萬聖節之類的場合好好表現一下吧！

親愛的阿嬤在2014年8月去世，是她九十二歲生日前的一個月。她聰明又能言善道，慈愛又具天賦，不時的諄諄教誨，更給予我滿滿的元氣。最後，我要將這本書獻給她。

善待你的貓科朋友

有些貓咪是天生的帽子模特兒（葛斯、小藍和露娜，你們知道我在說誰……），其他就不是了，如果你家貓咪不想戴你編織的帽子，別強迫牠。

走台步

本書中的模特兒都是自願上場的，因為他們的性情正好適合戴上那些帽子，比如香蕉帽。

戴帽禮節

唐頓莊園裡的大小姐瑪麗·考利（Lady Mary Crawley）可能會這麼說：「貓咪絕對不該在戶外戴帽子。」別讓你家貓咪戴帽子外出，也不要讓貓咪在沒人留意的情況下戴帽子。

幕後花絮！

李洛伊（上）在回想一天的辛苦工作。林克（右）趁著拍攝空檔小睡。

選頂帽子吧!

棒針
編織帽

恐龍帽　p.8

泡泡毛球帽　p.12

草莓帽　p.15

南瓜帽　p.18

運動帽　p.21

春日小雞帽　p.22

龐克髮型帽　p.24

兔子帽　p.28

火雞帽　p.30

花朵帽　p.34

紅心帽　p.36

外星人　p.38

鹿角帽　p.40

派對帽　p.42

巫婆帽　p.44

做法：棒針編織

難度：新手入門

>> 尺寸 <<

適合一般體型的成貓

- 貓咪耳朵寬度：2.5吋（6公分）
- 兩耳之間帽寬：2.5吋（6公分）

>> 材料 <<

- 25碼（23公尺）粗線，A色（綠色）
- 10碼（9公尺）中粗線，B色（橘色）
- 美制7號（4.5mm）棒針
- 美制5號（3.75mm）棒針
- F5（3.75 mm）鉤針
- 毛線針

愛吼叫的貓咪就要來一頂！
簡單大方的設計非常適合萬聖節，
任何時候戴都很棒！

恐龍帽 DINOSAUR

帽子主體

開始：使用A色毛線和7號（4.5mm）棒針，起針3針，預留一段25吋（64公分）長的毛線。
段1：下針。
段2：下針加針，編織下針到剩最後一針，然後下針加針（共5針）。
上面兩段再重複五次（共15針）。

第一個耳洞

段13：3下針，接下來10針收針，最後一針下針。
段14：2下針，起針10針，3下針（3針這一邊是帽子的前面）。

中間段（耳洞和耳洞間）

編織下針16段。

第二個耳洞

段31：3下針，接下來10針收針，最後1針下針。
段32：2下針，起針10針，3下針。
段33：下針。
段34：左下兩併針，編織下針到剩最後兩針，左下兩併針（共13針）。
上面兩段再重複五次（共3針）。
收針，留一段25吋（64公分）長的毛線。

製作繫繩：使用鉤針和25吋（64公分）長的預留毛線，在收針邊上挑3針（共做出3個圈），掛線，把掛線拉過3個圈，接下來鉤25個鎖針，最後一針收針，剪斷多餘的毛線。在帽子另一邊重複上述步驟，使用另一段25吋（64公分）長的毛線。

李洛伊一邊示範恐龍帽，一邊玩著恐龍模型。

背鰭（製作3個）

開始：使用B色毛線和5號（3.75mm）棒針，起針8針。

段1~3：下針。

段4：左下兩併針，4下針，左下兩併針（共6針）。

段5~7：下針。

段8：左下兩併針，2下針，左下兩併針（共4針）。

段9：下針。

段10：左下兩併針2次（共2針）。

段11：左下兩併針。

拉緊收針，留一段6吋（15公分）長的毛線。

固定背鰭

把背鰭轉向，用側邊當作底部，你會有三個恐龍背鰭。把有兩段餘線的那一邊當作底部，縫在帽子主體上。從帽子主體中央前方開始，縫上第一個背鰭，縫好以後，把兩端餘線藏到帽子下方固定，其他兩個背鰭也用同樣的方法固定，順著帽子主體中央往後排列。

背鰭尺寸：1.5×1.5吋
（4×4公分）

做法：棒針編織

難度：新手入門

>> 尺寸 <<

適合體型偏小的成貓

- 貓咪耳朵寬度：2吋（5公分）
- 兩耳之間帽寬：2吋（5公分）

>> 材料 <<

- 20碼（18公尺）中粗線，A色（藍色）
- 5碼（4.5公尺）中粗線，B色（紅色）
- 美制7號（4.5mm）棒針
- 毛線針
- 毛球編織器（非必要）

你家貓咪天氣越冷越有活力嗎？
正好適合這頂經典冬季款式，
增添一點貓咪味！

泡泡毛球帽 BOBBLE HAT

帽子主體

開始：使用A色毛線，起針3針，預留一段
10吋（25公分）長的毛線。
段1：下針。
段2：下針加針，編織下針到剩最後一
針，下針加針（共5針）。
上面兩段再重複五次（共15針）。

第一個耳洞

段13：3下針，接下來10針收針，最後一
針下針。
段14：2下針，起針10針，3下針（3針這
一邊是帽子的前面）。

中間段（耳洞和耳洞間）

編織下針16段。

第二個耳洞

段31：3下針，接下來10針收針，最後一
針下針。
段32：2下針，起針10針，3下針。
段33：下針。
段34：左下兩併針，編織下針到剩最後兩
針，左下兩併針（共13針）。
上面兩段再重複五次（共3針）。
收針，留一段10吋（25公分）長的毛線。

毛球：直徑1吋
（2.5公分）

辮子飾帶：
總長度26吋
（66公分）

露娜正觀察天氣，
看看值不值得離開溫暖的小窩出去玩耍。

辮子飾帶

各剪三條36吋（91公分）的A色毛線及B色毛線（共6股），把六股線聚在一起，在大約1吋（2.5公分）的地方打結，接著把六條線分成兩兩一股，編織一條三股辮當作飾帶，長度大約26吋（66公分），打結收尾，修剪流蘇長度。把飾帶縫在帽子主體的邊緣，利用起針和收針時預留的餘線固定，飾帶的中間點要對齊帽子主體邊緣的中間點，應該會留下大

約7.5吋（19公分）的長度在兩端當作繫繩，把餘線藏到帽子下方，固定後剪斷。

製作一個直徑1吋（2.5公分）的毛球，同時使用A色與B色毛線，把毛球縫在帽子主體中央。現在好好享受新帽子吧！可以拍很多照片，並且記得要獎勵你家的乖貓咪，當了這麼上鏡頭的模特兒！

哇！是什麼吸引了葛斯的
注意力……

做法：棒針編織

難度：新手入門

>> 尺寸 <<

適合一般體型的成貓

- 貓咪耳朵寬度：2.5吋（6公分）
- 兩耳之間帽寬：2.5吋（6公分）

>> 材料 <<

- 25碼（23公尺）中粗線，A色（紅色）
- 10碼（9公尺）中粗線，B色（綠色）
- 3碼（2.7公尺）中粗線，C色（白色）
- 美制7號（4.5mm）棒針
- 美制5號（3.75mm）雙頭棒針
- F5（3.75 mm）鉤針
- 毛線針

這是一頂很受歡迎的夏季款帽子！
只要拿掉帽子主體上的種子，
就成了蕃茄帽。

草莓帽 STRAWBERRY

帽子主體

開始：使用A色毛線和7號（4.5mm）棒針，起針3針，預留一段25吋（64公分）長的毛線。
段1：下針。
段2：下針加針，編織下針到剩最後一針，下針加針（共5針）。
上面兩段再重複四次（共13針）。

第一個耳洞

段11：2下針，接下來9針收針，最後一針下針。
段12：2下針，起針9針，2下針。

中間段（耳洞和耳洞間）

編織下針16段。

第二個耳洞

段29：2下針，接下來9針收針，最後一針下針。
段30：2下針，起針9針，2下針。
段31：下針。
段32：左下兩併針，編織下針到剩最後兩針，左下兩併針（共11針）。
上面兩段再重複四次（共3針）。
收針，留一段25吋（64公分）長的毛線。

製作繫繩：使用鉤針和25吋（64公分）長的預留毛線，在收針邊上挑3針（共做出3個圈），掛線，把掛線拉過3個圈，接下來鉤25個鎖針，最後一針收針，剪斷多餘的毛線。在帽子另一邊重複上述步驟，使用另一段25吋（64公分）長的毛線。

果蒂

使用B色毛線和5號（3.75mm）雙頭棒針兩支，起針4針，編織一段下針，不需翻面，把這4針挪移到棒針的另一端，從後面把毛線拉過來，繼續編織4個下針，這就是繩編的做法。以繩編的方式編織一段果蒂，長度大約2吋（5公分），每編織幾段就從起針段拉緊，這樣可以讓繩子的形狀更好看，完成以後，留一段10吋（25公分）長的毛線後剪斷，把線穿過棒針上的4個線圈，把收針後的餘線穿過果蒂底部，利用這段毛線把果蒂縫在帽子主體上。

葉子（製作3片）

開始：使用B色毛線和5號（3.75mm）雙頭棒針兩支，起針5針。
段1～2：下針。
段3：左下兩併針，1下針，左下兩併針（共3針）。
段4：下針。
段5：左下兩併針，1下針（共2針）。
段6：左下兩併針。
拉緊收針，留一段6吋（15公分）長的毛線，把餘線沿著邊緣穿到起針段去。

果蒂：2吋（5公分）的繩編

種子：以C色毛線縫上

固定果蒂和葉子

利用果蒂收針後的餘線，把果蒂縫在帽子主體的正中央，沿著果蒂的起針段牢牢縫合，完成以後，把起針和收針的餘線藏到帽子下方固定。

把葉子縫在帽子主體上，繞著果蒂底部縫上葉子的起針段，使用比較長的那段餘線，縫好以後，把所有的餘線藏到帽子下方固定。

最後使用毛線針穿上C色毛線，在帽子主體合適的位置縫上短短幾針，代表草莓的種子，不要縫太多針。必要時可以參考書上的照片，把餘線藏到帽子下方固定。

做法：棒針編織

難度：新手入門

>> 尺寸 <<

適合一般體型的成貓

- 貓咪耳朵寬度：2.5吋（6公分）
- 兩耳之間帽寬：2.5吋（6公分）

>> 材料 <<

- 25碼（23公尺）中粗線，A色（橘色）
- 10碼（9公尺）中粗線，B色（綠色）
- 美制7號（4.5mm）棒針
- 美制5號（3.75mm）雙頭棒針
- F5（3.75 mm）鉤針
- 毛線針

給你家的呼嚕小南瓜！
用各種秋天的顏色編織這頂帽子，
給家裡每隻呼嚕小南瓜都來一頂！

南瓜帽 PUMKIN

果蒂：2吋（5
公分）的繩編

帽子主體

開始：使用A色毛線和7號（4.5mm）棒針，起針3針，預留一段25吋（64公分）長的毛線。
段1：下針。
段2：下針加針，編織下針到剩最後一針，下針加針（共5針）。
上面兩段再重複四次（共13針）。

第一個耳洞

段11：2下針，接下來9針收針，最後一針下針。
段12：2下針，起針9針，2下針。

中間段（耳洞和耳洞間）

編織下針16段。

第二個耳洞

段29：2下針，接下來9針收針，最後一針下針。
段30：2下針，起針9針，2下針。
段31：下針。
段32：左下兩併針，編織下針到剩最後兩針，左下兩併針（共11針）。
上面兩段再重複四次（共3針）。
收針，留一段25吋（64公分）長的毛線。

製作繫繩：使用鉤針和25吋（64公分）長的預留毛線，在收針邊上挑3針（共做出3個圈），掛線，把掛線拉過3個圈，接下來鉤25個鎖針，最後一針收針，剪斷多餘的毛線。在帽子另一邊重複上述步驟，使用另一段25吋（64公分）長的毛線。

李洛伊戴著南瓜帽，沉浸在秋天的日光浴中。

果蒂

使用B色毛線和5號（3.75mm）雙頭棒針兩支，起針4針，編織一段下針，不需翻面，把這4針挪移到棒針的另一頭，從後面把毛線拉過來，繼續編織4個下針，這就是繩編的做法。以繩編的方式編織一段果蒂，長度大約2吋（5公分），每編織幾段就從起針段拉緊，可以讓繩子的形狀更好看，完成以後，留一段10吋（25公分）長的毛線後剪斷，把線穿過棒針上的4個線圈，把收針後的餘線穿過果蒂底部，利用這段毛線把果蒂縫在帽子主體上。

固定果蒂

利用果蒂收針後的餘線，把果蒂縫在帽子主體的正中央，沿著果蒂的起針段牢牢縫合，完成以後，把起針和收針的餘線藏到帽子下方固定。

南瓜帽　19

露娜正緊盯著棒球比賽的關鍵時刻，局勢緊張。

棒針編織帽

做法：棒針編織

難度：新手入門

>> 尺寸 <<

適合體型偏小的成貓

• 貓咪耳朵寬度：2吋（5公分）
• 兩耳之間帽寬：2吋（5公分）

>> 材料 <<

• 15碼（14公尺）中粗線，A色（紅色）
• 15碼（14公尺）中粗線，B色（白色）
• 15碼（14公尺）中粗線，C色（藍色）
• 美制7號（4.5mm）棒針
• G6（4 mm）鉤針
• 毛線針

用你最喜愛的隊伍的顏色，
編織這頂簡單的運動風貓咪帽子吧！

運動帽 SPORTS CAP

帽子主體

開始：使用A色毛線，起針3針，預留一段25吋（64公分）長的
毛線。
段1：下針。
段2：下針加針，編織下針到剩最
後一針，下針加針（共5針）。
上面兩段再重複五次（共15針）。

帽簷：寬2吋（5公分）

第一個耳洞

段13：2下針，接下來11針收針，
最後1針下針。
段14：2下針，起針11針，2下
針，起針5針（共20針）。

中間段（耳洞和耳洞間）

編織下針1段。
換成B色毛線，編織下針14段。
換成C色毛線，編織下針1段。
下1段：收針5針，15下針（共15
針）。
注意收針段必須與**段14**的起針在同一邊。

第二個耳洞

段31：2下針，接下來11針收針，最後一針下針。
段32：2下針，起針11針，2下針。
段33：下針。
段34：左下兩併針，編織下針到剩最後兩針，左下兩併針（共
13針）。
上面兩段再重複五次（共3針）。
收針，留一段25吋（64公分）長的毛線。

製作繫繩：使用鉤針和25吋（64公分）長的預留毛線，在收針
邊上挑3針（共做出3個圈），掛線，把掛線拉過3個圈，接下
來鉤25個鎖針，最後一針收針，剪斷多餘的毛線。在帽子另一
邊重複上述步驟，使用另一段25吋（64公分）長的毛線。

做法：**棒針編織**

難度：**中級進階**

>> 尺寸 <<

適合一般體型的成貓

• 貓咪耳朵寬度：2.5吋（6公分）
• 兩耳之間帽寬：2.5吋（6公分）

>> 材料 <<

• 25碼（23公尺）仿裘絨線，
  A色（黃色）
• 10碼（9公尺）中粗線，B色（黑色）
• 10碼（9公尺）中粗線，C色（橘色）
• 美制8號（5mm）棒針
• G6（4 mm）鉤針
• 毛線針

記得挑選質地特殊的裘絨線製作，
馬上便能完成這頂超級蓬鬆的小雞帽！

春日小雞帽 SPRING CHICK

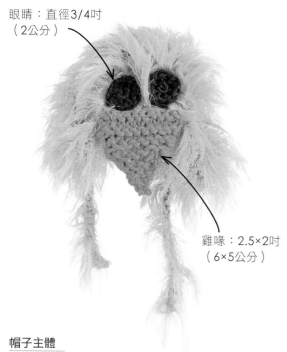

眼睛：直徑3/4吋
（2公分）

雞喙：2.5×2吋
（6×5公分）

製作繫繩：使用鉤針和25吋（64公分）長的預留毛線，在收針邊上挑3針（共做出3個圈），掛線，把掛線拉過3個圈，接下來鉤25個鎖針，最後一針收針，剪斷多餘的毛線。在帽子另一邊重複上述步驟，使用另一段25吋（64公分）長的毛線。

眼睛（製作2個）

開始：使用B色毛線和鉤針，環狀起針（magic ring）。
第1圈：1鎖針，在環狀起針圈內鉤6個短針，以滑針連接第一個鎖針。
第2圈：1鎖針，〔第一針內鉤2個短針，1短針〕，括號內重複3次，以滑針連接第一個鎖針，拉緊收針，留一段7吋（18公分）長的毛線。

雞喙

開始：使用C色毛線，起針12針，預留一段10吋（25公分）長的毛線。
段1~2：下針（共12針）。
段3：左下兩併針，8下針，左下兩併針（共10針）。
段4：下針。
段5：左下兩併針，6下針，左下兩併針（共8針）。
段6：下針。
段7：左下兩併針，4下針，左下兩併針（共6針）。
段8~9：下針。
段10：左下兩併針，2下針，左下兩併針（共4針）。
段11：下針。
段12：左下兩併針2次（共2針）。
收針，留一段6吋（15公分）長的毛線。

帽子主體

開始：使用A色毛線，起針3針，預留一段25吋（64公分）長的毛線。
段1：下針。
段2：下針加針，編織下針到剩最後一針，下針加針（共5針）。
上面兩段再重複五次（共15針）。

第一個耳洞

段13：2下針，接下來11針收針，最後一針下針。
段14：2下針，起針11針，2下針（共15針）。

中間段（耳洞和耳洞間）

編織下針16段。

第二個耳洞

段31：2下針，接下來11針收針，最後一針下針。
段32：2下針，起針11針，2下針（共15針）。
段33：下針。
段34：左下兩併針，編織下針到剩最後兩針，左下兩併針（共13針）。
上面兩段再重複五次（共3針）。
收針，留一段25吋（64公分）長的毛線。

固定雞喙

讓雞喙的起針和收針的餘線都在上方，當成雞喙的頂端，沿著帽子主體前緣中央放置，大約在離邊緣0.5吋（1公分）的地方（哪一邊當作帽子的前面都可以），利用10吋（25公分）的餘線穿上毛線針，沿著雞喙放在帽子上的那一邊縫上，也可以使用那段6吋（15公分）長的毛線，牢牢固定。

固定眼睛

把眼睛擺放在雞喙上方，保持間隔平均，用餘線和毛線針牢牢固定。

葛蕾西示範佩戴春日小雞帽。

>> 尺寸 <<

適合一般體型的成貓

- 貓咪耳朵寬度：2.5吋（6公分）
- 兩耳之間帽寬：2.5吋（6公分）

>> 材料 <<

- 25碼（23公尺）中粗線，A色（黑色）
- 15碼（14公尺）粗線，B色（粉紅色）
- 美制7號（4.5mm）棒針
- G6（4 mm）鉤針
- 毛線針

給家中終極無政府主義的貓主子，
編織一頂搖滾龐克髮型帽吧！
亮眼粉紅色毛線絕對是最佳選擇。

龐克髮型帽 PUNK MOHAWK

帽子主體

開始：使用A色毛線，起針3針，預留一段25吋（64公分）長的毛線。
段1：下針。
段2：下針加針，編織下針到剩最後一針，下針加針（共5針）。
上面兩段再重複五次（共15針）。

第一個耳洞

段13：3下針，接下來10針收針，最後一針下針。
段14：2下針，起針10針，3下針（3針這一邊是帽子的前面）。

中間段（耳洞和耳洞間）

編織下針16段。

第二個耳洞

段31：3下針，接下來10針收針，最後一針下針。
段32：2下針，起針10針，3下針（共15針）。
段33：下針。
段34：左下兩併針，編織下針到剩最後兩針，左下兩併針（共13針）。
上面兩段再重複五次（共3針）。
收針，留一段25吋（64公分）長的毛線。

使用鉤針，在開頭和結尾兩端分別使用25吋（64公分）長的預留毛線鉤
25個鎖針，當作貓咪帽子的繫繩。

龐克髮型

開始：使用B色毛線，剪15～20條2吋（5公分）長的毛線，把這些毛線
固定在帽子主體中央那排起伏針上。

固定龐克髮型

固定龐克髮型毛線的方法和固定圍巾上的流蘇一樣。用鉤針穿進帽子主體中央那排起伏針的那一針，拿一條2吋（5公分）長的毛線，對折，用鉤針穿進起伏針內，把毛線穿過去，打結固定，這樣可以讓龐克髮型豎起。重複上述步驟，必要時可以剪更多條2吋（5公分）長的毛線，繼續加到中央那排起伏針上。

如果希望龐克髮型量更多、更茂密，可以將更多條毛線固定在中央那排起伏針的兩側，完成後，把龐克髮型修剪成長度一致（大約1吋／2.5公分）。

龐克髮型毛線條：
長2吋（5公分）

賈斯柏在人行道上來回踱
步，神氣地戴著亮粉紅色的
龐克髮型帽。

如果你家貓咪耳朵的位置比較低，
這頂兔子帽再適合不過了！

兔子帽 BUNNY

耳朵：長3吋
（7.5公分）

做法：棒針編織

難度：中級進階

>> 尺寸 <<
適合一般體型的成貓

- 貓咪耳朵寬度：2.5吋（6公分）
- 兩耳之間帽寬：2.5吋（6公分）

>> 材料 <<
- 40碼（37公尺）中粗線，米白色
- 美制7號（4.5mm）棒針
- G6（4 mm）鉤針
- 毛線針

帽子主體
開始：起針3針，預留一段25吋（64公分）長的毛線。
段1：下針。
段2：下針加針，編織下針到剩最後一針，下針加針（共5針）。
上面兩段再重複五次（共15針）。

第一個耳洞
段13：2下針，接下來11針收針，最後一針下針。
段14：2下針，起針11針，2下針（共15針）。

中間段（耳洞和耳洞間）
編織下針16段。

第二個耳洞
段31：2下針，接下來11針收針，最後一針下針。
段32：2下針，起針10針，2下針（共15針）。
段33：下針。
段34：左下兩併針，編織下針到剩最後兩針，左下兩併針（共13針）。
上面兩段再重複五次（共3針）。
收針，留一段25吋（64公分）長的毛線。

製作繫繩：使用鉤針和25吋（64公分）長的預留毛線，在收針邊上挑3針（共做出3個圈），掛線，把掛線拉過3個圈，接下來鉤25個鎖針，最後一針收針，剪斷多餘的毛線。在帽子另一邊重複上述步驟，使用另一段25吋（64公分）長的毛線。

耳朵（製作2個）

開始：起針13針，預留一段10吋（25公分）長的毛線（等一下要用這段毛線把耳朵固定在帽子主體上）。

段1：下針。

段2：上針。

上面兩段再重複一次。

段5：1下針，左下兩併針，7下針，左下兩併針，1下針（共11針）。

段6：上針。

段7：下針。

段8：上針。

上面兩段再重複三次。

段15：1下針，左下兩併針，5下針，左下兩併針，1下針（共9針）。

段16：上針。

段17：下針。

段18：上針。

段19：1下針，左下兩併針，3下針，左下兩併針，1下針（共7針）。

段20：上針。

段21：1下針，左下兩併針，1下針，左下兩併針，1下針（共5針）。

段22：上針。

收針，然後留一段6吋（15公分）長的毛線。

利用毛線針縫上收針後留下的餘線。這個編織方法中的耳朵長度可以調整，只要增加或減少段7～段14之間的段數即可。

固定耳朵

固定耳朵可以使用起針時預留的餘線，穿上毛線針，縫在帽子主體的中間段，耳洞上緣中間處，把下針那一面朝上。把兩端都固定在耳洞的上緣（讓耳朵看起來稍微往下彎曲），沿著起針段縫上耳朵，就固定在耳洞上緣第一排起伏針的地方。重複上述步驟，固定另一隻耳朵即可。

這個帥氣的毛茸茸小傢伙是誰？原來是哈克正為我們示範兔子帽呀！

做法：棒針編織

難度：中級進階

>> 尺寸 <<
適合一般體型的成貓

- 貓咪耳朵寬度：2.5吋 (6公分)
- 兩耳之間帽寬：2.5吋 (6公分)

>> 材料 <<

- 25碼 (23公尺) 粗線，A色 (棕色)
- 10碼 (9公尺) 中粗線，B色 (紅色)
- 10碼 (9公尺) 中粗線，C色 (黑色)
- 15碼 (14公尺) 中粗線，D色 (橘色)
- 10碼 (9公尺) 中粗線，E色 (白色)
- 美制7號 (4.5mm) 棒針
- G6 (4 mm) 鉤針
- 毛線針

看過這麼可愛的小火雞嗎？
戴上這頂造型獨特的火雞帽，
立即成為感恩節慶祝會上的矚目焦點！

火雞帽 TURKEY

帽子主體
開始：使用A色毛線，起針3針，預留一段6吋 (15公分) 長的毛線。
段1：下針。
段2：下針加針，編織下針到剩最後一針，下針加針 (共5針)。
上面兩段再重複五次 (共15針)。

第一個耳洞
段13：2下針，接下來11針收針，最後一針下針。
段14：2下針，起針11針，2下針 (共15針)。

中間段 (耳洞和耳洞間)
編織下針16段。

第二個耳洞
段31：2下針，接下來11針收針，最後一針下針。
段32：2下針，起針11針，2下針。
段33：下針。
段34：左下兩併針，編織下針到剩最後兩針，左下兩併針 (共13針)。
上面兩段再重複五次 (共3針)。
收針，留一段6吋 (15公分) 長的毛線。

製作繫繩：使用兩條B色毛線，長30吋 (76公分)。以鉤針將一條毛線穿過帽子主體兩側其中一端，做一個圈後鉤25個鎖針，將毛線穿過最後一個鎖針圈，拉緊後修剪，把開頭穿入的毛線藏到帽子下方，在帽子另一邊重複上述步驟。

白色外圈眼睛 (製作2個)
開始：使用E色毛線和鉤針，環狀起針。
第1圈：1鎖針，在環狀起針圈內鉤12個短針，以滑針連接第一個鎖針。
第2圈：1鎖針，〔第一針內鉤2個短針，1短針〕，括號內重複6次，以滑針連接第一個鎖針。
剪斷毛線，留一段10吋 (25公分) 長的毛線，穿過線圈拉緊。

黑色內圈眼睛（製作2個）

開始：使用C色毛線和鉤針，環狀起針。

第1圈：1鎖針，在環狀起針圈內鉤6個短針，以滑針連接第一個鎖針。

第2圈：1鎖針，〔第一針內鉤2個短針，1短針〕，括號內重複3次，以滑針連接第一個鎖針。

剪斷毛線，留一段7吋（18公分）長的毛線，穿過線圈拉緊。

雞喙

開始：使用D色毛線，起針12針，預留一段10吋（25公分）長的毛線。

段1～2：下針。

段3：左下兩併針，8下針，左下兩併針（共10針）。

段4：下針。

段5：左下兩併針，6下針，左下兩併針（共8針）。

段6：下針。

段7：左下兩併針，4下針，左下兩併針（共6針）。

段8～9：下針。

段10：左下兩併針，2下針，左下兩併針（共4針）。

段11：下針。

段12：左下兩併針2次（共2針）。

收針，留一段6吋（15公分）長的毛線。

固定雞喙

讓雞喙的起針和收針的餘線都在上方，當成雞喙的頂端，把雞喙頂端朝上，沿著帽子主體前緣中央放置，大約在離邊緣0.5吋（1公分）的地方（哪一邊當作帽子的前面都可以）。利用10吋（25公分）的餘線穿上毛線針，沿著雞喙放在帽子上的那一邊縫上，也可以使用那段6吋（15公分）長的毛線，牢牢固定。

固定眼睛

把眼睛擺放在雞喙上方，保持間隔平均，用餘線和毛線針牢牢固定。

里瑞克傲嬌地為我們
示範火雞帽。

肉垂

使用B色毛線和鉤針，穿過雞喙固定邊中間的地方，鉤7個鎖針穿過雞喙，參考書上的照片，再鉤3個鎖針，剪斷毛線，將毛線穿過最後一個鎖針圈，藏在帽子下方。

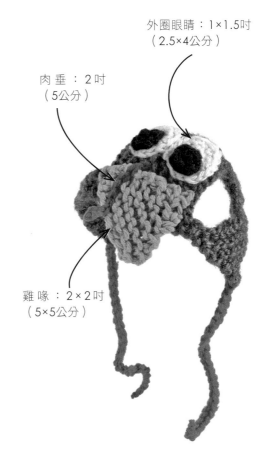

外圈眼睛：1×1.5吋
（2.5×4公分）

肉垂：2吋
（5公分）

雞喙：2×2吋
（5×5公分）

在棒球帽上加朵花裝飾，就是最特別的貓咪飾品！
戴上它，讓你家的貓咪更有型。

花朵帽 FLOWER CAP

>> 尺寸 <<

適合一般體型的成貓

• 貓咪耳朵寬度：2.5吋（6公分）
• 兩耳之間帽寬：2吋（5公分）

>> 材料 <<

• 40碼（37公尺）中粗線，A色（紅色）
• 10碼（9公尺）中粗線，B色（藍色）
• 美制7號（4.5mm）棒針
• 美制5號（3.75mm）棒針
• G6（4 mm）鉤針
• 毛線針

帽子主體

開始：使用A色毛線和7號（4.5mm）棒針，起針3針，預留一段6吋長（15公分）長的毛線。
段1：下針。
段2：下針加針，編織下針到剩最後一針，下針加針（共5針）。
上面兩段再重複五次（共15針）。

第一個耳洞

段13：2下針，接下來11針收針，最後一針下針。
段14：2下針，起針11針，2下針（共15針）。

中間段（耳洞和耳洞間）

編織下針16段。

第二個耳洞

段31：2下針，接下來11針收針，最後一針下針。
段32：2下針，起針10針，2下針（共15針）。
段33：下針。
段34：左下兩併針，編織下針到剩最後兩針，左下兩併針（共13針）。
上面兩段再重複五次（共3針）。
收針，留一段6吋（15公分）長的毛線。

製作繫繩：使用兩條A色毛線，長30吋（76公分）。以鉤針將一條毛線穿過帽子主體兩側其中一端，做一個圈後鉤25個鎖針，將毛線穿過最後一個鎖針圈，拉緊後修剪，把開頭穿入的毛線藏到帽子下方，在帽子另一邊重複上述步驟。

花朵：直徑3/4 吋
（2公分）

帽簷：寬4吋
（10公分）

帽簷

開始：使用A色毛線和5號（3.75mm）棒針，在帽子主體上挑針12針，從第一個耳洞前面開始挑針，一直到第二個耳洞後面，平均地挑出12針。編織下針1段。

段2：每一針都下針加針（共24針）。

段3～5：下針。

段6：下針加針，編織下針到剩最後一針，下針加針（共26針）。

使用B色毛線收針。

把餘線從帽簷穿過去，藏在帽子主體下方固定。

變化帽子的顏色

使用B色毛線編織帽子主體，A色毛線編織帽簷，再用B色毛線收針帽簷。

兩頂美麗的花朵帽，由里瑞克和林克示範佩戴。

花朵

使用B色毛線和鉤針，環狀起針。

第1圈：1鎖針，在環狀起針圈內鉤6個短針，以滑針連接第一個鎖針。

第2圈：〔第一個短針內鉤2個短針，1短針〕，括號內重複3次。

換成A色毛線。

第3圈：每一針都鉤短針，以滑針連接第一個短針。

剪斷毛線，穿過線圈，把餘線藏到中央，將花朵固定在帽簷右邊。

做法：**棒針編織**

難度：**中級進階**

>> 尺寸 <<

適合一般體型的成貓

- 貓咪耳朵寬度：2.5吋（6公分）
- 兩耳之間帽寬：2.5吋（6公分）

>> 材料 <<

- 25碼（23公尺）中粗線，A色（棕色）
- 5碼（4.5公尺）中粗線，B色（紅色）
- 美制7號（4.5mm）雙頭棒針
- G6（4mm）鉤針
- 6吋（15公分）長的毛根一條（顏色最好跟毛線一致）
- 毛線針

以這頂可愛的紅心帽，
表達你對貓咪的愛。

紅心：6吋（15公分）毛根，以繩編包住。

紅心帽
I HEART YOU

帽子主體

開始：使用A色毛線和雙頭棒針兩支，起針3針，預留一段25吋（64公分）長的毛線。
段1：下針。
段2：下針加針，編織下針到剩最後一針，下針加針（共5針）。
上面兩段再重複五次（共15針）。

第一個耳洞

段13：3下針，接下來10針收針，最後一針下針。
段14：2下針，起針10針，3下針（3針這一邊是帽子的前面）。

中間段（耳洞和耳洞間）

編織下針16段。

第二個耳洞

段31：3下針，接下來10針收針，最後一針下針。
段32：2下針，起針10針，3下針（共15針）。
段33：下針。
段34：左下兩併針，編織下針到剩最後兩針，左下兩併針（共13針）。
上面兩段再重複五次（共3針）。
收針，留一段25吋（64公分）長的毛線。

使用鉤針，在開頭和結尾兩端分別使用25吋（64公分）長的預留毛線，做成貓咪帽子的繫繩。

紅心

使用B色毛線和雙頭棒針兩支，起針4針，預留一段6吋（15公分）長的毛線，編織下針1段，不需翻面，拿起毛根，把這4針挪移到棒針的另一端，從後面把毛線拉過來，包住毛根，繼續編織4個下針，這就是繩編

的做法。利用這個方法，把毛根包在中間，一直編織到毛根兩底端各剩下1/4吋（0.5公分）沒有毛線包覆為止，剪斷毛線，留一段6吋（15公分）長的毛線，用毛線針穿過棒針上的針目，把繩編折成心形。

固定紅心

利用棒針把紅心的兩端穿進帽子主體中央，把兩端預留的毛根往回折到帽子上方，繞在紅心底部固定。使用毛線針，把紅心底部固定在帽子主體上，縫上時注意要蓋住預留的毛根，不要露出來，並且讓紅心保持直立，把兩端餘線穿到帽子下方，打結幫助固定紅心。

誰能抗拒波西充滿愛的目光呢？

第三類接觸！以毛線包住可彎曲的毛根，
你家的貓咪便能擁有第三隻眼囉！
360度的視角盡收眼底。

外星人 EXTRATERRESTRIAL

帽子主體

開始：使用A色毛線和7號（4.5mm）棒針，起針3針，預留一段25吋（64公分）長的毛線。

段1：下針。

段2：下針加針，編織下針到剩最後一針，下針加針（共5針）。

上面兩段再重複五次（共15針）。

第一個耳洞

段13：2下針，接下來11針收針，最後一針下針。

段14：2下針，起針11針，2下針（共15針）。

中間段（耳洞和耳洞間）

編織下針16段。

第二個耳洞

段31：2下針，接下來11針收針，最後一針下針。

段32：2下針，起針11針，2下針（共15針）。

段33：下針。

段34：左下兩併針，編織下針到剩最後兩針，左下兩併針（共13針）。

上面兩段再重複五次（共3針）。

收針，留一段25吋（64公分）長的毛線。

製作繫繩：使用鉤針和25吋（64公分）長的預留毛線，在收針邊上挑3針（共做出3個圈），掛線，把掛線拉過3個圈，接下來鉤25個鎖針，最後一針收針，剪斷多餘的毛線。在帽子另一邊重複上述步驟，使用另一段25吋（64公分）長的毛線。

眼睛

使用A色毛線和3號（3.25mm）雙頭棒針兩支，起針4針，預留一段15吋（38公分）長的毛線，編織下針1段，不需翻面，拿起毛根，把這4針挪移到棒針的另一端，從後面把毛線拉過來，包住毛根，繼續編織4個下針，這就是繩編的做法。利用這個方法，把毛根包在中間，一直編織到毛根底端剩下0.5吋（1公分）沒有毛線包覆為止。

下一段：每一針都下針加針（共8針）。

把針目分在三支雙頭棒針上，連結做環狀編織。

下一圈：每一針都下針加針（共16針）。

編織下針3圈。

下一圈：整圈左下兩併針（共8針）。

塞入一些聚酯纖維填充棉花。

下一圈：整圈左下兩併針（共4針）。

剪斷毛線，穿過線圈，藏好餘線。

使用B色毛線和毛線針，在眼球中央縫幾道長針繡，做出瞳孔的樣子，藏好餘線。

固定眼睛

把眼睛擺在帽子主體中央，利用棒針把毛根底端穿進帽子主體中央，把毛根底端往回折到帽子上方，繞在眼睛底部固定，使用毛線針和繩編起針預留的餘線，沿著眼睛底部邊緣，把眼睛縫到帽子主體上，把兩端餘線穿到帽子下方，打結幫助固定眼睛即可。

眼睛：3吋（7.5公分）毛根，以繩編包住。

做法：棒針編織

難度：中級進階

>> 尺寸 <<

適合一般體型的成貓

- 貓咪耳朵寬度：2.5吋（6公分）
- 兩耳之間帽寬：2.5吋（6公分）

>> 材料 <<

- 35碼（32公尺）中粗線，A色（綠色）
- 少許中粗線，B色（黑色）
- 美制7號（4.5mm）棒針
- 美制3號（3.25mm）雙頭棒針
- G6（4 mm）鉤針
- 3吋（7.5公分）長的毛根一條
  （顏色最好跟毛線一致）
- 毛線針
- 聚酯纖維填充棉花

做法：**棒針編織**

難度：**中級進階**

>> 尺寸 <<

適合體型偏小的成貓

- 貓咪耳朵寬度：2吋（5公分）
- 兩耳之間帽寬：2吋（5公分）

>> 材料 <<

- 30碼（27公尺）中粗線
- 美制7號（4.5mm）雙頭棒針
- 4吋（10公分）長的毛根2條
  （顏色最好跟毛線一致）
- G6（4 mm）鉤針
- 毛線針

鹿角帽是最棒的節日禮物，
保證能讓你的愛貓有個歡樂的假期！

鹿角帽 REINDEER ANTLERS

帽子主體

開始：使用雙頭棒針兩支，起針3針，留一段25吋（64公分）長的毛線。

段1：下針。

段2：下針加針，編織下針到剩最後一針，下針加針（共5針）。

上面兩段再重複五次（共15針）。

第一個耳洞

段13：3下針，接下來10針收針，最後一針下針。

段14：2下針，起針10針，3下針（3針這一邊是帽子的前面）。

中間段（耳洞和耳洞間）

編織下針16段。

第二個耳洞

段31：3下針，接下來10針收針，最後一針下針。

段32：2下針，起針10針，3下針（共15針）。

段33：下針。

段34：左下兩併針，編織下針到剩最後兩針，左下兩併針（共13針）。

上面兩段再重複五次（共3針）。

收針，留一段25吋（64公分）長的毛線。

使用鉤針，在開頭和結尾兩端分別使用25吋（64公分）長的預留毛線，做成貓咪帽子的繫繩。

鹿角（製作2個）

使用雙頭棒針兩支，起針4針，留一段6吋（15公分）長的毛線，編織下針1段，不需翻面，拿起毛根，把這4針挪移到棒針的另一端，從後面把毛線拉過來，包住毛根，繼續編織4個下針，這就是繩編的做法。利用這個方法，把毛根包在中間，能做出可彎曲的鹿角，一直編織到毛根底端剩下0.5吋（1公分）沒有毛線包覆為止，這段毛根可以用來把鹿角固定在帽子主體上，剪一段8吋（20公分）長的毛線，利用毛線針把這段毛線穿過棒針上的針目，把餘線藏進鹿角裡，留在底部，用來縫上鹿角。

鹿角：4吋（10公分）毛根兩段，以繩編包住。

接下來挑針2針，位置在鹿角頂端下來大約1/4吋（0.5公分）的地方，以繩編做法編織5段，把餘線藏到鹿角底部，修剪多餘的線頭，不要讓線頭露出來。

固定鹿角

小段的鹿角朝內，依下列方式固定鹿角。把鹿角擺在帽子中間段距離耳洞處1/4吋（0.5公分）的地方，利用棒針把毛根底端穿進帽子主體中央，把毛根底端再往回折到帽子上方，繞在鹿角底部固定。使用毛線針，把鹿角底部固定在帽子主體上，縫上時注意要蓋住預留的毛根，不要露出來，並且讓鹿角保持直立，把兩端餘線穿到帽子下方，打結幫助固定鹿角。第二支鹿角也重複上述步驟即可。

賈斯柏戴上可愛的鹿角帽，幫忙禮物包裝。

這頂粉嫩柔和色彩的條紋帽，
最適合貓咪的慶祝派對了！

派對帽 PARTY HAT

帽子主體

開始：使用A色毛線和雙頭棒針兩支，起針3針，預留一段25吋（64公分）長的毛線。
段1：下針。
段2：下針加針，編織下針到剩最後一針，下針加針（共5針）。
上面兩段再重複五次（共15針）。

第一個耳洞

段13：3下針，接下來10針收針，最後1針下針。
段14：2下針，起針10針，3下針（3針這一邊是帽子的前面）。

中間段（耳洞和耳洞間）

編織下針16段。

第二個耳洞

段31：3下針，接下來10針收針，最後一針下針（共15針）。
段32：2下針，起針10針，3下針（共15針）。
段33：下針。
段34：左下兩併針，編織下針到剩最後兩針，左下兩併針（共13針）。
上面兩段再重複五次（共3針）。
收針，留一段25吋（64公分）長的毛線。

製作繫繩：使用鉤針和25吋（64公分）長的預留毛線，在收針邊上挑3針（共做出3個圈），掛線，把掛線拉過3個圈，接下來鉤25個鎖針，最後一針收針，剪斷多餘的毛線。在帽子另一邊重複上述步驟，使用另一段25吋（64公分）長的毛線。

尖帽子

開始：使用B色毛線，起針30針，預留一段20吋（50公分）長的毛線。把針目分在三支雙頭棒針上（各10針），連結做環狀編織。
第1~2圈：下針。
第3圈：〔左下兩併針，6下針，左下兩併針〕，括號內重複3次（共24針）。
第4~7圈：下針。

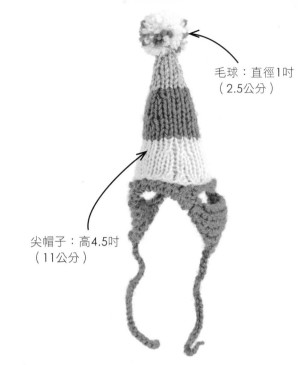

毛球：直徑1吋（2.5公分）

尖帽子：高4.5吋（11公分）

第8圈：〔左下兩併針，4下針，左下兩併針〕，括號內重複3次（共18針）。
第9~10圈：下針。
換成A色毛線。
第11~14圈：下針。
第15圈：〔2下針，左下兩併針，2下針〕，括號內重複3次（共15針）。
第16~19圈：下針。
第20圈：〔1下針，左下兩併針，2下針〕，括號內重複3次（共12針）。
換成C色毛線。
第21~24圈：下針。
第25圈：〔1下針，左下兩併針，1下針〕，括號內重複3次（共9針）。
第26~28圈：下針。
第29圈：左下兩併針4次，1下針（共5針）。
第30圈：左下兩併針2次，1下針（共3針）。
剪斷毛線，穿過棒針上的針目，拉緊後把餘線藏在尖帽子的內側。

固定毛球

製作一個直徑1吋（2.5公分）的毛球，同時使用全部三色毛線，把毛球固定在尖帽子頂端，把餘線藏在尖帽子的內側固定。塞入一些聚酯纖維填充棉花，不要太多，利用尖帽子起針時保留的餘線，把尖帽子縫在帽子主體中間段上。沿著尖帽子的起針段仔細縫合固定，縫好以後，把餘線藏到帽子下方固定。

>> 尺寸 <<

適合一般體型的成貓

- 貓咪耳朵寬度：2吋（5公分）
- 兩耳之間帽寬：2吋（5公分）

>> 材料 <<

- 25碼（23公尺）中粗線，A色（粉紅色）
- 10碼（9公尺）中粗線，B色（白色）
- 10碼（9公尺）中粗線，C色（薄荷綠）
- 美制7號（4.5mm）雙頭棒針
- F5（3.75 mm）鉤針
- 毛線針
- 聚酯纖維填充棉花
- 毛球做球器（非必要）

莫奇戴上條紋毛球帽，
準備開派對囉！

戴上這頂帽子，貓咪就會充滿誘惑人的魔法，
尤其是在萬聖節！嘗試各種配色，
再加上閃亮的毛線，營造迷人的效果。

巫婆帽
WITCH

尖帽子：高3吋
（7.5公分）

帽子主體

開始：使用A色毛線和雙頭棒針兩支，起針3針，
預留一段25吋（64公分）長的毛線。
段1：下針。
段2：下針加針，編織下針到剩最後一針，下針加
針（共5針）。
上面兩段再重複五次（共15針）。

第一個耳洞

段13：2下針，接下來11針收針，最後一針下針。
段14：2下針，起針11針，2下針（共15針）。

中間段（耳洞和耳洞間）

編織下針16段。

第二個耳洞

段31：2下針，接下來11針收針，最後一針下針（
共15針）。
段32：2下針，起針11針，2下針（共15針）。
段33：下針。
段34：左下兩併針，編織下針到剩最後兩針，左下
兩併針（共13針）。
上面兩段再重複五次（共3針）。
收針，留一段25吋（64公分）長的毛線。

製作繫繩：使用鉤針和25吋（64公分）長的預留毛線，在收針邊上挑3
針（共做出3個圈），掛線，把掛線拉過3個圈，接下來鉤25個鎖針，最
後一針收針，剪斷多餘的毛線。在帽子另一邊重複上述步驟，使用另一
段25吋（64公分）長的毛線。

尖帽子

開始：使用B色毛線，起針30針，預留一段15吋（38公分）長的毛線，
把針目分在三支雙頭棒針上（各10針），連結做環狀編織。
第1～3圈：下針。
換成A色毛線。

>> 尺寸 <<

適合體型偏小的成貓

• 貓咪耳朵寬度：2.5吋（6公分）
• 兩耳之間帽寬：2.5吋（6公分）

>> 材料 <<

• 40碼（37公尺）中粗線，A色（紫色）
• 15碼（14公尺）中粗線，B色（綠色）
• 美制7號（4.5mm）雙頭棒針
• G6（4 mm）鉤針
• 毛線針
• 聚酯纖維填充棉花

第4圈：下針。
第5圈：〔1下針，左下兩併針，4下針，左下兩併針，1下針〕，括號內重複3次（共24針）。
第6～8圈：下針。
第9圈：〔1下針，左下兩併針，2下針，左下兩併針，1下針〕，括號內重複3次（共18針）。
第10～12圈：下針。
第13圈：〔1下針，左下兩併針2次，1下針〕，括號內重複3次（共12針）。
第14～16圈：下針。
第17圈：整圈左下兩併針（共6針）。
第18～20圈：下針。

剪斷毛線，留一段6吋（15公分）長的毛線，把線穿過棒針上的針目，如果喜歡的話，可以從尖帽子頂端縫一條0.5吋（1公分）的藏針下來，拉一拉，讓帽子皺皺的，再把餘線藏在尖帽子的內側打結固定。

塞入一些聚酯纖維填充棉花到尖帽子裡，不要太多，把尖帽子擺在帽子主體中央，用B色毛線縫合固定，沿著尖帽子的起針段縫合，縫好以後，把餘線藏到帽子下方固定。

現在，就臣服在迷人伯曼貓林克的咒語之下吧！

巫婆帽　45

說到甜點，馬上就想到杯子蛋糕。
以不同顏色的毛線製作蛋糕上的配料，
盡情享受吧！

杯子蛋糕 CUPCAKE

杯子蛋糕和包
裝紙：高3吋
（7.5公分）

帽子主體

開始：使用A色毛線和雙頭棒針兩支，起針3針，預留一段25吋（64公分）長的毛線。
段1：下針。
段2：下針加針，編織下針到剩最後一針，下針加針（共5針）。
上面兩段再重複五次（共15針）。

第一個耳洞

段13：2下針，接下來11針收針，最後一針下針。
段14：2下針，起針11針，2下針（共15針）。

中間段（耳洞和耳洞間）

編織下針16段。

第二個耳洞

段31：2下針，接下來11針收針，最後一針下針。
段32：2下針，起針11針，2下針（共15針）。
段33：下針。
段34：左下兩併針，編織下針到剩最後兩針，左下兩併針（共13針）。
上面兩段再重複五次（共3針）。
收針，留一段25吋（64公分）長的毛線。

製作繫繩：使用鉤針和25吋（64公分）長的預留毛線，在收針邊上挑3針（共做出3個圈），掛線，把掛線拉過3個圈，接下來鉤25個鎖針，最後一針收針，剪斷多餘的毛線。在帽子另一邊重複上述步驟，使用另一段25吋（64公分）長的毛線。

杯子蛋糕包裝紙

開始：使用B色毛線和雙頭棒針兩支，起針6針，編織下針30段。
收針，縫合兩端做成一個圈環，把餘線藏到圈環下方。

杯子蛋糕

開始：使用C色毛線，沿著圈環邊緣挑針30針，把針目分在三支雙頭棒針上（各10針），連結做環狀編織，編織下針5圈。
第6圈：〔3下針，左下兩併針〕，括號內重複到整圈結束（共24針）。
第7～8圈：下針。
第9圈：〔2下針，左下兩併針〕，括號內重複到整圈結束（共18針）。
第10圈：下針。
第11圈：〔1下針，左下兩併針〕，括號內重複到整圈結束（共12針）。
第12圈：下針。
第13圈：整圈左下兩併針（共6針）。
剪斷毛線，穿過棒針上的線圈。

撒糖粒

開始：使用A色毛線，用毛線針穿上後在白色的「糖霜」表面上，隨意用短針繡縫上幾點，製造出撒上糖粒的樣子，把餘線藏到杯子蛋糕下方固定。

塞入一些聚酯纖維填充棉花，把杯子蛋糕縫在帽子主體上，固定在中央偏後的地方，利用杯子蛋糕包裝紙的餘線縫上。

做法：棒針編織

難度：高手挑戰

>> 尺寸 <<

適合一般體型的成貓

貓咪耳朵寬度：2.5吋（6公分）
兩耳之間帽寬：2.5吋（6公分）

>> 材料 <<

30碼（27公尺）中粗線，A色（淺紅色）
15碼（14公尺）中粗線，B色（桃紅色）
15碼（14公尺）中粗線，C色（白色）
美制7號（4.5mm）雙頭棒針
G6（4 mm）鉤針
毛線針
聚酯纖維填充棉花

做法：棒針編織

難度：高手挑戰

>> 尺寸 <<

適合一般體型的成貓

- 貓咪耳朵寬度：2.5吋（6公分）
- 兩耳之間帽寬：2.5吋（6公分）

>> 材料 <<

- 40碼（37公尺）粗線，A色（黃色）
- 3碼（2.7公尺）粗線，B色（棕色）
- 美制7號（4.5mm）雙頭棒針
- G6（4 mm）鉤針
- 毛線針

你家貓咪會為了什麼瘋狂呢？
答案就是這頂香蕉帽！

香蕉帽 BANANA

香蕉：高4吋
（10公分）

帽子主體

開始：使用A色毛線和雙頭棒針兩支，起針3針，
預留一段25吋（64公分）長的毛線。
段1：下針。
段2：下針加針，編織下針到剩最後一針，下針加
針（共5針）。
上面兩段再重複五次（共15針）。

第一個耳洞

段13：2下針，接下來11針收針，最後一針下針。
段14：2下針，起針11針，2下針（共15針）。

中間段（耳洞和耳洞間）

編織下針16段。

第二個耳洞

段31：2下針，接下來11針收針，最後一針下針。
段32：2下針，起針11針，2下針（共15針）。
段33：下針。
段34：左下兩併針，編織下針到剩最後兩針，左
下兩併針（共13針）。
上面兩段再重複五次（共3針）。
收針，留一段25吋（64公分）長的毛線。

製作繫繩：使用鉤針和25吋（64公分）長的預留
毛線，在收針邊上挑3針（共做出3個圈），掛線，
把掛線拉過3個圈，接下來鉤25個鎖針，最後一針
收針，剪斷多餘的毛線。在帽子另一邊重複上述步
驟，使用另一段25吋（64公分）長的毛線。

香蕉

開始：使用A色毛線，起針20
針，預留一段15吋（38公分）長
的毛線，把針目分在三支雙頭棒
針上，連結做環狀編織。
第1～6圈：下針。
第7圈：14下針，左下兩併針，2
下針，左下兩併針（共18針）。
第8～12圈：下針。
第13圈：5下針，左下兩併針2次，9下針（共16針）。
第14圈：4下針，左下兩併針2次，6下針（共14針）。
第15圈：3下針，左下兩併針2次，7下針（共12針）。
第16～18圈：下針。
第19圈：2下針，左下兩併針2次，6下針（共10針）。
第20圈：下針。
第21圈：1下針，左下兩併針2次，1下針，左下兩併針2
次（共6針）。
換成B色毛線，編織下針4圈。
剪斷毛線，穿過棒針上的線圈。

固定香蕉

把香蕉比較平的那一面當作正面，塞入一些聚酯纖維填充
棉花，注意正面應該呈現平面，另一邊應該呈現曲線，必
要的話，可以利用棒針比較鈍的一端把棉花塞入尖端處，
把香蕉固定在帽子主體中間段，注意香蕉的正面就是帽子
的前面（帽子主體哪一邊當作前面都可以）。利用起針時
預留的餘線，把香蕉固定在帽子主體上，沿著香蕉的起針
段縫合，縫好以後，把餘線藏到帽子下方固定即可。

狩獵中的葛斯戴上香蕉帽，
精心偽裝自己。

棒針編織帽

做法：棒針編織

難度：高手挑戰

>> 尺寸 <<

適合一般體型的成貓

- 貓咪耳朵寬度：2吋（5公分）
- 兩耳之間帽寬：2吋（5公分）

>> 材料 <<

- 25碼（23公尺）粗線，A色（紅色）
- 10碼（9公尺）粗線，B色（白色）
- 美制7號（4.5mm）雙頭棒針
- G6（4 mm）鉤針
- 毛線針
- 毛球做球器（非必要）

略微寬鬆，色彩鮮艷，
將這頂復古風的經典聖誕老人帽放在聖誕賀卡中，
一定很棒！令人印象深刻。

聖誕老人帽 SANTA HAT

帽子主體

開始：使用Ａ色毛線和雙頭棒針兩支，起針3針，預留一段25吋（64公分）長的毛線。
段1：下針。
段2：下針加針，編織下針到剩最後一針，下針加針（共5針）。
上面兩段再重複五次（共15針）。

第一個耳洞

段13：2下針，接下來11針收針，最後一針下針。
段14：2下針，起針11針，2下針（共15針）。

中間段（耳洞和耳洞間）

編織下針16段。

第二個耳洞

段31：2下針，接下來11針收針，最後一針下針。
段32：2下針，起針11針，2下針（共15針）。
段33：下針。
段34：左下兩併針，編織下針到剩最後兩針，左下兩併針（共13針）。
上面兩段再重複五次（共3針）。
收針，留一段25吋（64公分）長的毛線。

製作繫繩：使用鉤針和25吋（64公分）長的預留毛線，在收針邊上挑3針（共做出3個圈），掛線，把掛線拉過3個圈，接下來鉤25個鎖針，最後一針收針，剪斷多餘的毛線。在帽子另一邊重複上述步驟，使用另一段25吋（64公分）長的毛線。

如果你是乖小孩，
林克就會送你聖誕禮物。

尖帽子

開始：使用A色毛線，起針30針，留一段25吋（64公分）長的毛線。把針目分在三支雙頭棒針上（各10針），小心不要扭曲，連結起來做環狀編織。

第1～4圈：下針。

第5圈：〔左下兩併針，6下針，左下兩併針〕，括號內重複3次（共24針）。

第6～9圈：下針。

第10圈：〔左下兩併針，4下針，左下兩併針〕，括號內重複3次（共18針）。

第11～12圈：下針。

第13圈：〔左下兩併針，2下針，左下兩併針〕，括號內重複3次（共12針）。

第14～15圈：下針。

第16圈：左下兩併針6次（共6針）。

第17圈：下針。

第18圈：左下兩併針3次（共3針）。

剪斷毛線，留一段10吋（25公分）長的毛線。把線穿過棒針上的針目，拉緊固定帽子頂端。

利用收針後的餘線做出寬鬆感，把餘線穿過帽子上的針目，直到剩下1吋（2.5公分），拉一拉，讓帽子有點寬鬆皺褶，在內側打結固定。

固定尖帽子

利用尖帽子起針時預留的餘線，把尖帽子固定在帽子主體上，尖帽子擺放在中央，沿著起針段平均縫合，尖帽子應該可以蓋住帽子主體的前後緣。

製作一個直徑1吋（2.5公分）的毛球，使用B色毛線，把毛球固定在尖帽子上。

飾帶

開始：使用B色毛線和鉤針，從帽子主體右邊開始，沿著前緣平均地鉤一排短針，把餘線藏到帽子下方固定即可。

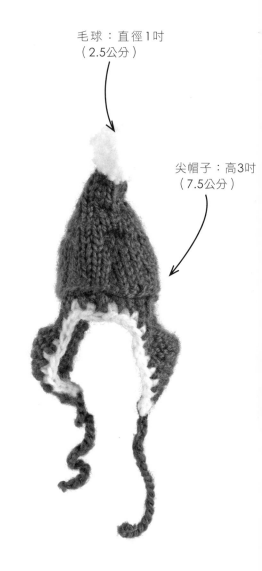

毛球：直徑1吋（2.5公分）

尖帽子：高3吋（7.5公分）

還有誰比黛西更適合祝福家人與朋友聖誕快樂呢？

做法：棒針編織

難度：高手挑戰

>> 尺寸 <<

適合體型偏小的成貓

- 貓咪耳朵寬度：2吋（5公分）
- 兩耳之間帽寬：2吋（5公分）

>> 材料 <<

- 40碼（37公尺）粗線，A色（綠色）
- 10碼（9公尺）粗線，B色（紅色）
- 美制7號（4.5mm）雙頭棒針
- G6（4 mm）鉤針
- 毛線針
- 聚酯纖維填充棉花

聖誕老人的小幫手戴上這頂帽子，
搭配萌萌的表情，完美極了！

精靈帽 ELF

尖帽子：
高2.5吋
（6公分）

帽子主體

開始：使用A色毛線和雙頭棒針兩支，起針3針，預留一段25吋（64公分）長的毛線。
段1：下針。
段2：下針加針，編織下針到剩最後一針，下針加針（共5針）。
上面兩段再重複五次（共15針）。

第一個耳洞

段13：2下針，接下來11針收針，最後一針下針。
段14：2下針，起針11針，2下針（共15針）。

中間段（耳洞和耳洞間）

編織下針16段。

第二個耳洞

段31：2下針，接下來11針收針，最後一針下針。
段32：2下針，起針11針，2下針（共15針）。
段33：下針。
段34：左下兩併針，編織下針到剩最後兩針，左下兩併針（共13針）。
上面兩段再重複五次（共3針）。
收針，留一段25吋（64公分）長的毛線。

製作繫繩：使用鉤針和25吋（64公分）長的預留毛線，在收針邊上挑3針（共做出3個圈），掛線，把掛線拉過3個圈，接下來鉤25個鎖針，最後一針收針，剪斷多餘的毛線。在帽子另一邊重複上述步驟，使用另一段25吋（64公分）長的毛線。

尖帽子

開始：使用A色毛線，起針30針，預留一段15吋（38公分）長的毛線，把針目分在三支雙頭棒針上（各10針），連結做環狀編織。
第1～3圈：下針。
換成B色毛線。
第4圈：下針。
第5圈：〔3下針，左下兩併針〕，括號內重複到整圈結束（共24針）。
第6圈：下針。
換成A色毛線。
第7圈：〔2下針，左下兩併針〕，括號內重複到整圈結束（共18針）。
第8圈：下針。
第9圈：〔1下針，左下兩併針〕，括號內重複到整圈結束（共12針）。
第10～11圈：下針。
第12圈：整圈左下兩併針（共6針）。
第13圈：下針。
第14圈：整圈左下兩併針（共3針）。
剪斷毛線，穿過線圈，塞入一些聚酯纖維填充棉花，利用尖帽子起針時預留的餘線，把尖帽子固定在帽子主體的中間段上。

小薇正在倒數聖誕節的來臨！

莫奇已經戴好高頂禮帽，
準備成為今天的主角。

經典高頂禮帽適合世界各地的紳士貓咪。
使用閃亮的毛線編織，
適合特殊場合或想要更有元氣的新年裝扮！

高頂禮帽 TOP HAT

做法：棒針編織

難度：高手挑戰

帽子主體
開始：使用A色毛線和雙頭棒針兩支，起針3針，預留一段20
吋（51公分）長的毛線。
段1：下針。
段2：下針加針，編織下針到剩最後一針，下針加針（共5針）。
上面兩段再重複三次（共11針）。

第一個耳洞
段9：1下針，接下來9針收針，1下針。
段10：1下針，起針9針，1下針（共11針）。

中間段（耳洞和耳洞間）
編織下針16段。

第二個耳洞
段27：1下針，接下來9針收針，1下針（共11針）。
段28：1下針，起針9針，1下針（共11針）。
段29：下針。
段30：左下兩併針，編織下針到剩最後兩針，左下兩併針（共
9針）。
上面兩段再重複三次（共3針）。
收針，留一段20吋（51公分）長的毛線。

製作繫繩：使用鉤針和20吋（51公分）長的預留毛線，在收
針邊上挑3針（共做出3個圈），掛線，把掛線拉過3個圈，接
下來鉤25個鎖針，最後一針收針，剪斷多餘的毛線。在帽子另
一邊重複上述步驟，使用另一段20吋（51公分）長的毛線。

高頂帽（帽頂）
開始：平坦的帽頂是先編織好以後再縫上去，這樣才能做出平
整的效果。使用B色毛線和雙頭棒針兩支，起針1針，預留一段
4吋（10公分）長的毛線。

>> 尺寸 <<
適合一般體型的成貓

- 貓咪耳朵寬度：2吋（5公分）
- 兩耳之間帽寬：2.5吋（6公分）

>> 材料 <<

- 15碼（14公尺）中粗線，A色（黑色）
- 45碼（41公尺）閃亮細線，B色（棕色）
- 美制7號（4.5mm）雙頭棒針
- 聚酯纖維填充棉花
- 毛線針
- 7號（4.5mm）鉤針
- 0.5吋（1公分）寬的黑色緞帶（非必要）

段1：在起針的1針內加針，打1下針，1上針，1下針（共3針）。
段2：上針。
段3：每一針都下針加針（共6針）。
段4：上針。
段5：每一針都下針加針（共12針）。
把針目分在三支雙頭棒針上（各4針），連結做環狀編織。
下一圈：下針。
下一圈：〔下針加針，1下針〕，括號內重複到整圈結束（共18針）。
下一圈：下針。
下一圈：〔下針加針，2下針〕，括號內重複到整圈結束（共24針）。
下一圈：下針。
下一圈：〔下針加針，3下針〕，括號內重複到整圈結束（共30針）。
下一圈：上針。

高頂帽（帽側）

編織下針15圈。
收針，留一段20吋（51公分）長的毛線。利用起針時保留的餘線，把平坦的帽頂縫上去，保持平整，接著利用收針時保留的20吋（51公分）長的毛線，把高頂禮帽縫在帽子主體上。將高頂禮帽放在帽子主體的中間段，沿著收針段縫上，縫到一半時，塞入一些聚酯纖維填充棉花到高頂禮帽裡，別塞太多，以免帽子變形，接著繼續沿著收針段縫合固定，把餘線藏到帽子主體下方固定，剪斷多餘的線。

帽簷

使用B色毛線和雙頭棒針兩支，起針6針，預留一段4吋（10公分）長的毛線。每一段都編織下針，直到有9吋（23公分）長，收針，留一段20吋（51公分）長的毛線。利用起針預留的餘線把兩端縫合做成帽簷，藏好餘線，剪斷多餘的線。把帽簷套進高頂禮帽，放到最底部的地方，利用20吋（51公分）長的預留毛線，把帽簷縫在高頂禮帽底部，縫好以後，把餘線藏到帽子主體下方固定，剪斷多餘的線。

帽簷縫好以後，利用一段B色毛線穿上毛線針，縫幾針把帽簷固定成合適的形狀。帽簷會自然往上捲，不過前緣保持平整會比較好看，可以在前緣縫幾針固定就不會往上捲。把餘線藏到帽子主體下方固定，剪斷毛線。

沿著帽子底部測量緞帶的長度，繞一圈後再多加1吋（2.5公分），剪斷，把緞帶一端反折0.5吋（1.25公分），接著再反折0.5吋（1.25公分），使用同色系縫線和縫針，把反折進去的地方縫住，將緞帶繞在帽子底部，把沒有折邊的一端蓋在有折邊那一端的下面，縫上固定，做成一圈裝飾就完成了。

帽子：直徑2吋（5公分）

帽子：高2吋（5公分）

緞帶：寬0.5吋（1公分）

>> 尺寸 <<

適合體型偏小的成貓

- 貓咪耳朵寬度：2吋（5公分）
- 兩耳之間帽寬：2吋（5公分）

>> 材料 <<

- 20碼（18公尺）中粗線，A色（粉紅色）
- 5碼（4.5公尺）中粗線，B色（綠色）
- H8（5 mm）鉤針
- 毛線針
- 毛球做球器（非必要）

可愛的毛球帽最適合活潑的貓咪，
加上明亮的配色，讓貓咪元氣滿滿！

澎澎毛球帽
POM POM HATHAT

帽子主體

開始：使用A色毛線，鉤2個鎖針，留一段
25吋（64公分）長的毛線。
段1：第二個鎖針內鉤3短針，1鎖針。
段2：3短針，1鎖針。
段3：第一針內鉤2短針，1短針，最後一針
內鉤2短針，1鎖針（共5短針）。
段4：5短針，1鎖針。
段5：第一針內鉤2短針，3短針，最後一針
內鉤2短針，1鎖針（ 共7短針）。
段6：7短針，1鎖針。
段7：第一針內鉤2短針，5短針，最後一針
內鉤2短針，1鎖針（共9短針）。
段8：9短針，1鎖針。
段9：第一針內鉤2短針，7短針，最後一針
內鉤2短針，1鎖針（共11短針）。

第一個耳洞

段10：1短針，9鎖針，最後一針內鉤1短
針，1鎖針。

中間段（耳洞和耳洞間）

段11～20：11短針，1鎖針。

第二個耳洞

段21：1短針，9鎖針，最後一針內鉤1短
針，1鎖針。
段22：11短針，1鎖針。
段23：1短針，略過1針，7短針，略過下一
針，1短針，1鎖針（共9短針）。
段24：9短針，1鎖針。
段25：1短針，略過1針，5短針，略過1
針，1短針，1鎖針（共7短針）。
段26：7短針，1鎖針。
段27：1短針，略過1針，3短針，略過1
針，1短針，1鎖針（共5短針）。

帽子主體

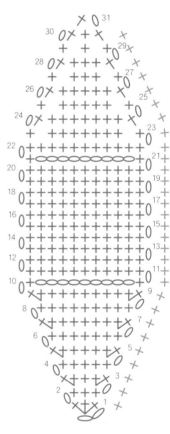

○　鎖針
＋　短針

雷邱驕傲地戴著色彩鮮艷的
澎澎毛球帽。

段28：5短針，1鎖針。
段29：1短針，略過1針，1短針，略過1針，1短針，1鎖針（
共3短針）。
段30：3短針，1鎖針。
段31：最後一針內鉤1短針。
鉤25個鎖針製作繫繩，剪斷毛線，穿過線圈拉緊，修剪尾端。
在帽子主體開端處鉤25個鎖針，使用一段25吋（64公分）長
的毛線。

前緣飾帶
開始：把A色毛線和B色毛線聚在一起，在帽子主體前緣鉤30
個短針，剪斷毛線，穿過線圈，在帽子下方牢牢固定。

製作一個直徑1吋（2.5公分）的毛球，同時使用A色與B色毛
線，把毛球縫在帽子主體中央。

這個簡單的設計很容易變化，換成你最愛的球隊的顏色，或者
是節慶的顏色，就可以做出獨一無二的貓咪帽子。

毛球：直徑1吋
（2.5公分）

做法：鉤針編織

難度：中級進階

>> 尺寸 <<

適合體型偏小的成貓

- 貓咪耳朵寬度：2.5吋（6公分）
- 兩耳之間帽寬：2.5吋（6公分）

>> 材料 <<

- 30碼(27公尺)中粗線，A色(淺橘色)
- 30碼(27公尺)中粗線，B色(深橘色)
- G6(4 mm)鉤針
- E4(3.5 mm)鉤針
- 毛線針

這頂款式獨特的帽子，
送給覺得自己是大獅子的小貓咪！

獅子帽 LITTLE LION

鬃毛：2段
各40個鬃毛圈

帽子主體

開始： 使用A色毛線與G6（4mm）鉤針，鉤2個鎖針，留一段25吋（64公分）長的毛線。

段1： 第二個鎖針內鉤3短針，1鎖針。

段2： 3短針，1鎖針。

段3： 第一針內鉤2短針，1短針，最後一針內鉤2短針，1鎖針（共5短針）。

段4： 5短針，1鎖針。

段5： 第一針內鉤2短針，3短針，最後一針內鉤2短針，1鎖針（共7短針）。

段6： 7短針，1鎖針。

段7： 第一針內鉤2短針，5短針，最後一針內鉤2短針，1鎖針（共9短針）。

段8： 9短針，1鎖針。

段9： 第一針內鉤2短針，7短針，最後一針內鉤2短針，1鎖針（共11短針）。

段10： 11短針，1鎖針。

段11： 第一針內鉤2短針，9短針，最後一針內鉤2短針，1鎖針（共13個短針）。

段12： 13短針，1鎖針。

段13： 第一針內鉤2短針，11短針，最後一針內鉤2短針，1鎖針（共15個短針）。

第一個耳洞

段14： 1短針，13鎖針，最後一針內鉤1短針，1鎖針。

中間段（耳洞和耳洞間）

段15～26： 15短針，1鎖針。

第二個耳洞

段27：1短針，13鎖針，最後一針內鉤1短針，1鎖針。

段28：15短針，1鎖針。

段29：1短針，略過1針，11短針，略過1針，1短針，1鎖針（共13短針）。

段30：13短針，1鎖針。

段31：1短針，略過1針，9短針，略過1針，1短針，1鎖針（共11短針）。

段32：11短針，1鎖針。

段33：1短針，略過1針，7短針，略過1針，1短針，1鎖針（共9短針）。

段34：9短針，1鎖針。

段35：1短針，略過1針，5短針，略過1針，1短針，1鎖針（共7短針）。

段36：7短針，1鎖針。

段37：1短針，略過1針，3短針，略過1針，1短針，1鎖針（共5短針）。

段38：5短針，1鎖針。

段39：1短針，略過1針，1短針，略過1針，1短針，1鎖針（共3短針）。

段40：最後一針內鉤1短針。鉤25個鎖針，剪斷毛線，穿過線圈拉緊，修剪尾端。
在帽子主體開端處鉤25個鎖針，使用一段25吋（64公分）長的毛線。

鬃毛

開始：使用B色毛線與E4（3.5mm）鉤針，平均地沿著帽子主體前緣鉤出一排鬃毛，
從繫繩正上方開始鉤。

段1：〔1滑針，8鎖針，在第一個滑針同樣的位置再1滑針〕，括號內重複到鉤完整排前緣，製作出40個鬃毛圈。翻面，現在要鉤的是帽子主體的上面，第二排要製作出比較大一點的鬃毛圈。

段2：〔1滑針，12鎖針，在第一個滑針同樣的位置再1滑針〕，括號內重複到鉤完整排前緣，製作出40個鬃毛圈，收尾在第一排鬃毛圈開始的地方。

組合

把所有的餘線藏到帽子下方固定。

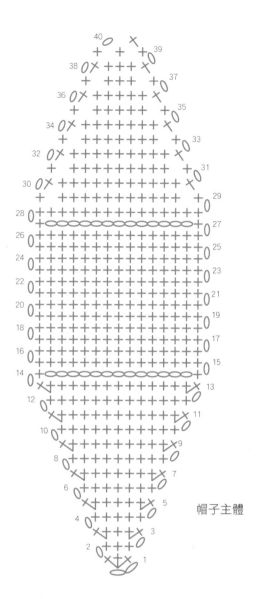

帽子主體

鬃毛圈段1（小）

鬃毛圈段2（大）

○ 鎖針
• 滑針
+ 短針

當心了！波皮正在狩獵中。

做法：鉤針編織

難度：中級進階

>> 尺寸 <<

適合體型偏小的成貓

- 貓咪耳朵寬度：2吋（5公分）
- 兩耳之間帽寬：2.5吋（6公分）

>> 材料 <<

- 30碼（27公尺）中粗線，A色（橘色）
- 10碼（9公尺）中粗線，B色（白色）
- 3碼（2.7公尺）粗線，C色（黑色）
- G6（4 mm）鉤針
- E4（3.5 mm）鉤針
- 毛線針

給靈巧的貓咪戴一頂巧妙的帽子！
雞群們當心了！

狐狸帽 FELINE FOX

帽子主體

開始：使用A色毛線與G6（4mm）鉤針，鉤2個鎖針，留一段25吋（64公分）長的毛線。
段1：第二個鎖針內鉤3短針，1鎖針。
段2：3短針，1鎖針。
段3：第一針內鉤2短針，1短針，最後一針內鉤2短針，1鎖針（共5短針）。
段4：5短針，1鎖針。
段5：第一針內鉤2短針，3短針，最後一針內鉤2短針，1鎖針（共7短針）。
段6：7短針，1鎖針。
段7：第一針內鉤2短針，5短針，最後一針內鉤2短針，1鎖針（共9短針）。
段8：9短針，1鎖針。
段9：第一針內鉤2短針，7短針，最後一針內鉤2短針，1鎖針（共11短針）。
段10：11短針，1鎖針。
段11：第一針內鉤2短針，9短針，最後一針內鉤2短針，1鎖針（共13短針）。

第一個耳洞

段12：1短針，11鎖針，最後一針內鉤1短針，1鎖針。

中間段（耳洞和耳洞間）

段13～15：13短針，1鎖針。
段16：第一針內鉤2個短針，整段短針到結束，1鎖針（共14短針）。
（加針的一邊是帽子的前面。）
段17：13短針，最後一針內鉤2短針，1鎖針（共15短針）。
段18：第一針內鉤2個短針，整段短針到結束，1鎖針（共16短針）。
段19：15短針，最後一針內鉤2短針，1鎖針（共17短針）。

多米諾巧妙地化身成狐狸。

段**20**：略過第一針，16短針，1鎖針（共16短針）。

段**21**：14短針，略過1針，最後一針內鉤1短針，1鎖針（共15短針）。

段**22**：略過第一針，14短針，1鎖針（共14短針）。

段**23**：12短針，略過1針，最後一針內鉤1短針，1鎖針（共13短針）。

段**24～26**：13短針，1鎖針。

第二個耳洞

段**27**：1短針，11鎖針，最後一針內鉤1短針，1鎖針。

段**28**：13短針，1鎖針。

段**29**：1短針，略過1針，9短針，略過1針，1短針，1鎖針（共11短針）。

段**30**：11短針，1鎖針。

段**31**：1短針，略過1針，7短針，略過1針，1短針，1鎖針（共9短針）。

段**32**：9短針，1鎖針。

段**33**：1短針，略過1針，5短針，略過1針，1短針，1鎖針（共7短針）。

段**34**：7短針，1鎖針。

段**35**：1短針，略過1針，3短針，略過1針，1短針，1鎖針（共5短針）。

段**36**：5短針，1鎖針。

段**37**：1短針，略過1針，1短針，略過1針，1短針，1鎖針（共3短針）。

段**38**：3短針，1鎖針。

段**39**：最後一針內鉤1短針。

鉤25個鎖針製作繫繩，剪斷毛線，穿過線圈拉緊，修剪尾端。在帽子主體開端處鉤25個鎖針，使用一段25吋（64公分）長的毛線。

外耳（製作2個）

開始：使用A色毛線與E4（3.5mm）鉤針，鉤3個鎖針。

段**1**：略過第一針，2短針，1鎖針。

段**2**：2短針，1鎖針。

段**3**：每一針都鉤2短針，1鎖針（共4短針）。

段**4**：4短針，1鎖針。

段**5**：第一針內鉤2短針，2短針，最後一針內鉤2短針，1鎖針（共6短針）。

段**6**：6短針，1鎖針。

段**7**：第一針內鉤2短針，4短針，最後一針內鉤2短針，1鎖針（共8短針）。

段**8**：8短針，1鎖針。

段**9**：第一針內鉤2短針，6短針，最後一針內鉤2短針，1鎖針（共10短針）。

段**10～11**：10短針，1鎖針。

留一段10吋（25公分）長的毛線，穿過線圈，把其他餘線藏到耳朵尖端的地方。

內耳（製作2個）

開始：使用B色毛線與E4（3.5 mm）鉤針，鉤3個鎖針。

段**1**：略過第一針，2短針，1鎖針。

段**2**：2短針，1鎖針。

段**3**：每一針都鉤2短針，1鎖針（共4短針）。

段**4**：4短針，1鎖針。

段**5**：第一針內鉤2短針，2短針，最後一針內鉤2短針，1鎖針（共6短針）。

段**6～7**：6短針，1鎖針。

剪斷毛線，留一段10吋（25公分）長的毛線，穿過線圈，把其他餘線藏到耳朵尖端的地方。

使用C色毛線與 E4（3.5 mm）鉤針，沿著外耳和內耳的尖端鉤5個滑針，把餘線藏到耳朵的背面，剪斷毛線。

把一隻內耳和一隻外耳縫合在一起，利用內耳預留的10吋（25公分）餘線穿上毛線針縫合固定，耳朵的底部（最後一段）要對齊，必要時可以參考書上的照片。小心不要縫到穿出外耳，才不會看到縫線，你可以先把針穿過內耳的邊緣，然後稍微穿過外耳的表面，這樣就看不見縫線了。

固定耳朵

把兩隻耳朵縫在帽子主體前面，就在耳洞前面的地方，有尖端突出的那一邊是帽子主體的正面，利用外耳預留的餘線固定耳朵，沿著外耳的邊緣縫上，耳朵應該要能豎起來，可以多縫幾針，幫助支撐耳朵。

現在可以好好欣賞你家貓咪的新行頭啦！

帽子主體

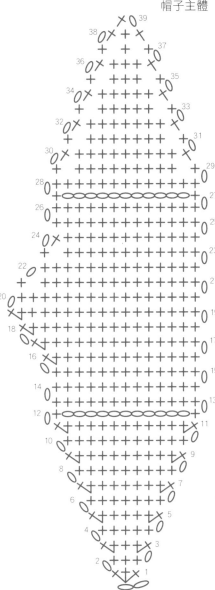

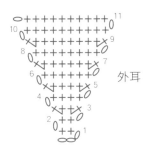

外耳

○ 鎖針
＋ 短針

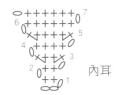

內耳

耳朵：長2吋
（5公分）

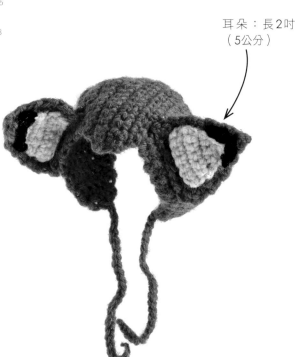

做法：鉤針編織

難度：中級進階

>> 尺寸 <<

適合體型偏小的成貓

- 貓咪耳朵寬度：2吋（5公分）
- 兩耳之間帽寬：2吋（5公分）

>> 材料 <<

- 25碼（23公尺）中粗線，A色（棕色）
- 10碼（9公尺）中粗線，B色（白色）
- G6（4 mm）鉤針
- 毛線針

用這頂超可愛的小熊帽，
把你家貓咪變成讓人想抱入懷中的小熊吧！

小熊帽 BABY BEAR

帽子主體

開始：使用A色毛線，鉤2個鎖針，留一段
25吋（64公分）長的毛線。
段1：第二個鎖針內鉤3短針，1鎖針。
段2：3短針，1鎖針。
段3：第一針內鉤2短針，1短針，最後一針
內鉤2短針，1鎖針（共5短針）。
段4：5短針，1鎖針。
段5：第一針內鉤2短針，3短針，
最後一針內鉤2短針，1鎖針（共7
短針）。
段6：7短針，1鎖針。
段7：第一針內鉤2短針，5短針，
最後一針內鉤2短針，1鎖針（共9
短針）。
段8：9短針，1鎖針。
段9：第一針內鉤2短針，7短針，
最後一針內鉤2短針，1鎖針（共11
短針）。
段10：11短針，1鎖針。
段11：第一針內鉤2短針，9短針，
最後一針內鉤2短針，1鎖針（共13
短針）。

耳朵：1×1.5吋
（2.5×4公分）

第一個耳洞

段12：1短針，11鎖針，最後一針
內鉤1短針，1鎖針。

中間段（耳洞和耳洞間）

段13～22：13短針，1鎖針。

第二個耳洞

段23：1短針，11鎖針，最後一針內鉤1短針，1鎖針。
段24：13短針，1鎖針。
段25：1短針，略過1針，9短針，略過1針，1短針，1鎖
針（共11短針）。
段26：11短針，1鎖針。

段27：1短針，略過1針，7短針，略過1針，1短針，1鎖針（共9短針）。

段28：9短針，1鎖針。

段29：1短針，略過1針，5短針，略過1針，1短針，1鎖針（共7短針）。

段30：7短針，1鎖針。

段31：1短針，略過1針，3短針，略過1針，1短針，1鎖針（共5短針）。

段32：5短針，1鎖針。

段33：1短針，略過1針，1短針，略過1針，1短針，1鎖針（共3短針）。

段34：3短針，1鎖針。

段35：最後一針內鉤1短針。

鉤25個鎖針製作繫繩，剪斷毛線，穿過線圈拉緊，修剪尾端。在帽子主體開端處鉤25個鎖針，使用一段25吋（64公分）長的毛線。

外耳（製作2個）

開始：使用A色毛線，鉤2個鎖針。

段1：第二個鎖針內鉤2個短針。

段2：每一針都鉤2短針（共4短針）。

段3：每一針都鉤2短針（共8短針）。

段4：2短針，接下來四針每一針都鉤2短針，2短針（共12短針）。

段5：4短針，接下來四針每一針都鉤2短針，4短針（共16短針）。

留一段10吋（25公分）長的毛線，穿過剩餘的線圈。

內耳（製作2個）

開始：使用B色毛線，鉤2個鎖針。

段1：第二個鎖針內鉤2個短針。

段2：每一針都鉤2短針（共4短針）。

段3：1短針，接下來兩針每一針都鉤2短針，最後一針內鉤1短針（共6短針）。

留一段10吋（25公分）長的毛線，穿過線圈，把內耳的底邊對齊外耳的底邊，縫內耳時，小心不要縫到穿出外耳，這樣B色毛線才不會被看到，另一隻耳朵也重複上述步驟。

固定耳朵

把兩隻耳朵縫在帽子主體前面，就在耳洞前面的地方，利用外耳預留的餘線固定耳朵，可以多縫幾針，幫助支撐耳朵，因為耳朵應該要能豎起來。

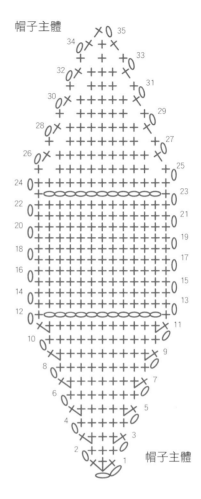

帽子主體

帽子主體

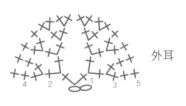

外耳

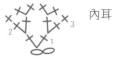

內耳

○ 鎖針
＋ 短針

做法：鉤針編織

難度：中級進階

>> 尺寸 <<

適合體型偏小的成貓

• 貓咪耳朵寬度：2吋（5公分）
• 兩耳之間帽寬：2吋（5公分）

>> 材料 <<

• 40碼 (37公尺) 中粗線，B色 (白色)
• 20碼 (18公尺) 中粗線，B色 (棕色)
• G6 (4 mm) 鉤針
• 毛線針

這是愛狗又愛貓人士的最佳選擇！
斑點、耳朵和花色都可以量身定做，
變化出不同的小狗裝扮。

小狗帽 DOG

耳朵：長2吋（5公分）

帽子主體

開始：使用A色毛線，鉤2個鎖針，留一段25吋（64公分）長的毛線。
段1：第二個鎖針內鉤3短針，1鎖針。
段2：3短針，1鎖針。
段3：第一針內鉤2短針，1鎖針，最後一針內鉤2短針，1鎖針（共5短針）。
段4：5短針，1鎖針。
段5：第一針內鉤2短針，3短針，最後一針內鉤2短針，1鎖針（共7短針）。
段6：7短針，1鎖針。
段7：第一針內鉤2短針，5短針，最後一針內鉤2短針，1鎖針（共9短針）。
段8：9短針，1鎖針。
段9：第一針內鉤2短針，7短針，最後一針內鉤2短針，1鎖針（共11短針）。
段10：11短針，1鎖針。
段11：第一針內鉤2短針，9短針，最後一針內鉤2短針，1鎖針（共13短針）。
段12：13短針，1鎖針。
段13：第一針內鉤2短針，11短針，最後一針內鉤2短針，1鎖針（共15短針）。

第一個耳洞

段14：1短針，13鎖針，最後一針內鉤1短針，1鎖針。

中間段（耳洞和耳洞間）

段15～26：15短針，1鎖針。

誰說狗狗跟貓咪處不來？
多米諾可沒有這種困擾！

第二個耳洞

段27：1短針，13鎖針，最後一針內鉤1短針，1鎖針。

段28：15短針，1鎖針。

段29：1短針，略過1針，11短針，略過1針，1短針，1鎖針（共13短針）。

段30：13短針，1鎖針。

段31：1短針，略過1針，9短針，略過1針，1短針，1鎖針（共11短針）。

段32：11短針，1鎖針。

段33：1短針，略過1針，7短針，略過1針，1短針，1鎖針（共9短針）。

段34：9短針，1鎖針。

段35：1短針，略過1針，5短針，略過1針，1短針，1鎖針（共7短針）。

段36：7短針，1鎖針。

段37：1短針，略過1針，3短針，略過1針，1短針，1鎖針（共5短針）。

段38：5短針，1鎖針。

段39：1短針，略過1針，1短針，略過1針，1短針，1鎖針（共3短針）。

段40：最後一針內鉤1短針。

鉤25個鎖針製作繫繩，剪斷毛線，穿過線圈拉緊，修剪尾端。在帽子主體開端處鉤25個鎖針，使用一段25吋（64公分）長的毛線。

耳朵（製作2個）

開始：使用B色毛線，環狀起針。

第1圈：1鎖針，在環狀起針圈內鉤10個短針。

第2圈：10短針，1鎖針。

第3圈：〔1短針，接下來這一針內鉤2短針〕，括號內重複5次，1鎖針（共15短針）。

第4圈：15短針，1鎖針。

第5圈：只鉤後環針（back loop），鉤8短針，1鎖針，翻面。

繼續編織下列幾段：

段6～11：8短針，1鎖針。

留一段10吋（25公分）長的毛線，穿過線圈，藏好開頭的餘線。

斑點（製作兩塊，一塊A色，一塊B色）

開始：鉤6個鎖針。

第1圈：第二個鎖針內鉤2短針，接下來兩個鎖針每一針內鉤1短針，接下來一個鎖針內鉤2短針。沿著鎖針的另一邊繼續鉤，接下來四個鎖針每一針都從後環針鉤1短針，以滑針連接開頭的短針，1鎖針。

第2圈：〔1短針，接下來這一針內鉤2短針〕，括號內重複3次，2短針，接下來這一針內鉤2短針，以滑針連接開頭的短針（共13短針）。

留一段6吋（15公分）長的毛線，穿過線圈，藏好開頭的餘線。

固定耳朵、斑點

使用一段10吋（25公分）長的毛線，把耳朵平的那一邊平均地縫在帽子主體上，就在耳洞開口的前面，縫好以後，把餘線藏到帽子下方固定，另一邊也重複上述步驟。

把斑點擺在一隻耳朵上，用A色毛線固定，沿著斑點周圍縫上，餘線拉到耳朵背面固定。把斑點用B色毛線縫到帽子主體上，固定在另外一隻耳朵下面。

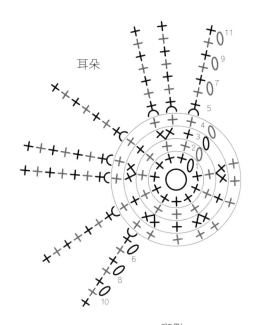

耳朵

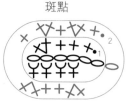

斑點

○ 鎖針
● 滑針
+ 短針
大 只鉤後環針

帽子主體

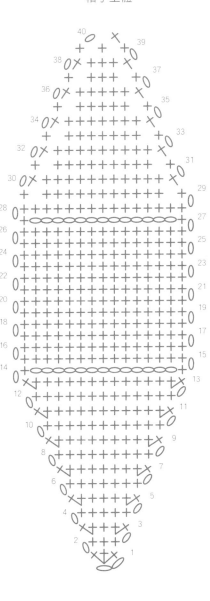

安娜尼可戴上鯊魚帽，追得其他魚兒趕快逃命。

小魚兒，當心了！
用這頂鯊魚帽讓你家貓咪展現出獵食者的一面！

鯊魚帽 SHARK ATTACK

帽子主體
開始：使用A色毛線與H8（5mm）鉤針，鉤2
個鎖針，留一段25吋（64公分）長的毛線。
段1：第二個鎖針內鉤3短針，1鎖針。
段2：3短針，1鎖針。
段3：第一針內鉤2短針，1短針，最後一針內
鉤2短針，1鎖針（共5短針）。
段4：5短針，1鎖針。
段5：第一針內鉤2短針，3短針，最後一針
內鉤2短針，1鎖針（共7短針）。
段6：7短針，1鎖針。
段7：第一針內鉤2短針，5短針，最後
一針內鉤2短針，1鎖針（共9短針）。
段8：9短針，1鎖針。
段9：第一針內鉤2短針，7短針，最
後一針內鉤2短針，1鎖針（共11短
針）。
段10：11短針，1鎖針。
段11：第一針內鉤2短針，9短針，
最後一針內鉤2短針，1鎖針（共13
短針）。

魚鰭：高2.5×2吋
（6×5公分）

第一個耳洞
段12：1短針，11鎖針，最後一針內
鉤1短針，1鎖針。

中間段（耳洞和耳洞間）
段13～22：13短針，1鎖針。

第二個耳洞
段23：1短針，11鎖針，最後一針內鉤1短
針，1鎖針。
段24：13短針，1鎖針。
段25：1短針，略過1針，9短針，略過1針，1
短針，1鎖針（共11短針）。
段26：11短針，1鎖針。
段27：1短針，略過1針，7短針，略過1針，1
短針，1鎖針（共9短針）。
段28：9短針，1鎖針。

做法：鉤針編織

難度：中級進階

>> 尺寸 <<
適合一般體型的成貓

• 貓咪耳朵寬度：2吋（5公分）
• 兩耳之間帽寬：2吋（5公分）

>> 材料 <<

• 18碼（16公尺）中粗線，A色（藍色）
• 3碼（2.7公尺）中粗線，B色（紅色）
• 5碼（4.5公尺）中粗線，C色（白色）
• H8（5 mm）鉤針
• G6（4 mm）鉤針
• 毛線針

段**29**：1短針，略過1針，5短針，略過1針，1短針，1鎖針（共7短針）。

段**30**：7短針，1鎖針段31：1短針，略過1針，3短針，略過1針，1短針，1鎖針（共5短針）。

段**32**：5短針，1鎖針。

段**33**：1短針，略過1針，1短針，略過1針，1短針，1鎖針（共3短針）。

段**34**：3短針，1鎖針。

段**35**：最後一針內鉤1短針。

鉤25個鎖針製作繫繩，剪斷毛線，穿過線圈拉緊，修剪尾端。在帽子主體開端處鉤25個鎖針，使用一段25吋（64公分）長的毛線。

魚鰭

開始：使用A色毛線與G6（4 mm）鉤針，鉤12個鎖針。

段**1**：略過第一針，11短針，1鎖針。

段**2**：略過第一針，9短針，1鎖針。

段**3**：7短針，略過1針，最後一針內鉤1短針，1鎖針（共8短針）。

段**4**：7短針，1鎖針（共7短針）。

段**5**：1短針，略過1針，3短針，略過1針，1短針，1鎖針（共5短針）。

段**6**：1短針，略過1針，1短針，略過1針，1短針，1鎖針（共3短針）。

段**7**：略過第一針，2短針，1鎖針。

段**8**：2短針，1鎖針（共7短針）。

段**9**：略過第一針，1短針，1鎖針。

段**10**：1短針。

剪斷毛線，留一段8吋（20公分）長的毛線，把餘線從鰭的第一段藏到最後一段，縫在帽子主體中間段的中央，沿著底部邊緣縫上，魚鰭會有一邊比較直（那一面應該要朝前面），必要時可以參考書上的照片，多縫幾針支撐魚鰭，這樣魚鰭就能豎起來。

牙齒邊飾帶

使用B色毛線與G6（4mm）鉤針，沿著帽子主體前緣平均地鉤34個滑針，剪斷毛線，穿過線圈固定，把兩端餘線藏到帽子下方。接著使用C色毛線與G6（4mm）鉤針，在第一個紅色的滑針內鉤4鎖針，同一個位置再鉤1滑針，接下來一針紅色滑針內鉤1短針，〔4鎖針，同一個位置再鉤1滑針〕，括號內重複到整段結束，剪斷毛線，穿過線固定，把兩端餘線藏到帽子下方固定即可。

魚鰭

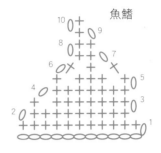

帽子主體

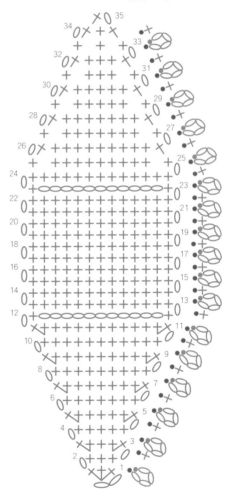

◯ 鎖針
• 滑針
＋ 短針

>> 尺寸 <<

適合一般體型的成貓

- 貓咪耳朵寬度：2吋 (5公分)
- 兩耳之間帽寬：2.5吋 (6公分)

>> 材料 <<

- 30碼 (27公尺) 中粗線，A色 (紅色)
- 10碼 (9公尺) 中粗線，B色 (白色)
- G6 (4 mm) 鉤針
- 毛線針
- 聚酯纖維填充棉花
- 毛球做球器 (非必要)

凱蒂躡手躡腳走在屋頂上，
看看她發現了誰？是聖誕老公公耶！

聖誕貓咪帽 SANTA PAWS

帽子主體

開始：使用A色毛線，鉤2個鎖針，留一段25吋（64公分）長的毛線。
段1：第二個鎖針內鉤3短針，1鎖針。
段2：3短針，1鎖針。
段3：第一針內鉤2短針，1短針，最後一針內鉤2短針，1鎖針（共5短針）。
段4：5短針，1鎖針。
段5：第一針內鉤2短針，3短針，最後一針內鉤2短針，1鎖針（共7短針）。
段6：7短針，1鎖針。
段7：第一針內鉤2短針，5短針，最後一針內鉤2短針，1鎖針（共9短針）。
段8：9短針，1鎖針。
段9：第一針內鉤2短針，7短針，最後一針內鉤2短針，1鎖針（共11短針）。
段10：11短針，1鎖針。
段11：第一針內鉤2短針，9短針，最後一針內鉤2短針，1鎖針（共13短針）。

第一個耳洞

段12：1短針，11鎖針，最後一針內鉤1短針，1鎖針。

中間段（耳洞和耳洞間）

段13~22：13短針，1鎖針。

第二個耳洞

段23：1短針，11鎖針，最後一針內鉤1短針，1鎖針。
段24：13短針，1鎖針。
段25：1短針，略過1針，9短針，略過1針，1短針，1鎖針（共11短針）。
段26：11短針，1鎖針。
段27：1短針，略過1針，7短針，略過1針，1短針，1鎖針（共9短針）。
段28：9短針，1鎖針。

$\Rightarrow$

波皮戴上聖誕貓咪帽，
充滿聖誕節氣氛。

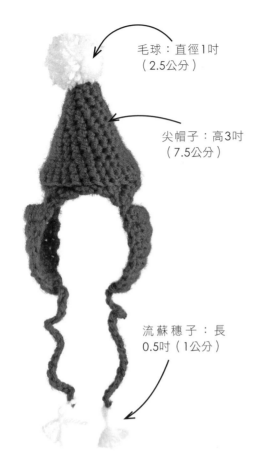

毛球：直徑1吋
（2.5公分）

尖帽子：高3吋
（7.5公分）

流蘇穗子：長
0.5吋（1公分）

段29：1短針，略過1針，5短針，略過1針，1短針，1鎖針（共7短針）。
段30：7短針，1鎖針。
段31：1短針，略過1針，3短針，略過1針，1短針，1鎖針（共5短針）。
段32：5短針，1鎖針。
段33：1短針，略過1針，1短針，略過1針，1短針，1鎖針（共3短針）。
段34：3短針，1鎖針。
段35：最後一針內鉤1短針。
鉤25個鎖針，剪斷毛線，穿過線圈拉緊，修剪尾端。在帽子主體開端處鉤25個鎖針，使用一段25吋（64公分）長的毛線。

尖帽子
開始：每一圈的結尾不要接在一起。必要的話，在開頭用記號圈標示。
使用A色毛線，鉤2個鎖針。
第1圈：第二個鎖針內鉤4個短針。
第2圈：每一針都鉤1短針（共4短針）。
第3圈：每一針都鉤2短針（共8短針）。
第4～5圈：每一針都鉤1短針。
第6圈：〔1短針，接下來這一針內鉤2短針〕，括號內重複4次（共12短針）。
第7～9圈：每一針都鉤1短針。
第10圈：〔1短針，接下來這一針內鉤2短針〕，括號內重複6次（共18短針）。
第11～13圈：每一針都鉤1短針。
第14圈：〔1短針，接下來這一針內鉤2短針〕，括號內重複9次（共27短針）。

第15～17圈：每一針都鉤1短針。
第18圈：〔2短針，接下來這一針內鉤2短針〕，括號內重複9次（共36短針）。
第19圈：〔8短針，接下來這一針內鉤2短針〕，括號內重複4次（共40短針）。
第20～21圈：每一針都鉤1短針。

剪斷毛線，留一段20吋（51公分）長的毛線，穿過線圈拉緊，利用這段毛線把尖帽子縫在帽子主體上。

固定帽子、流蘇穗子

使用B色毛線，製作一個1吋（2.5公分）的毛球，還有兩個0.5吋（1公分）的流蘇穗子，把毛球固定在尖帽子頂端上，繫繩兩端一邊縫上一個流蘇穗子，在尖帽子頂端塞入一些聚酯纖維填充棉花，平均填塞。把尖帽子縫在帽子主體中央，使用20吋（51公分）長的餘線縫上固定即可。

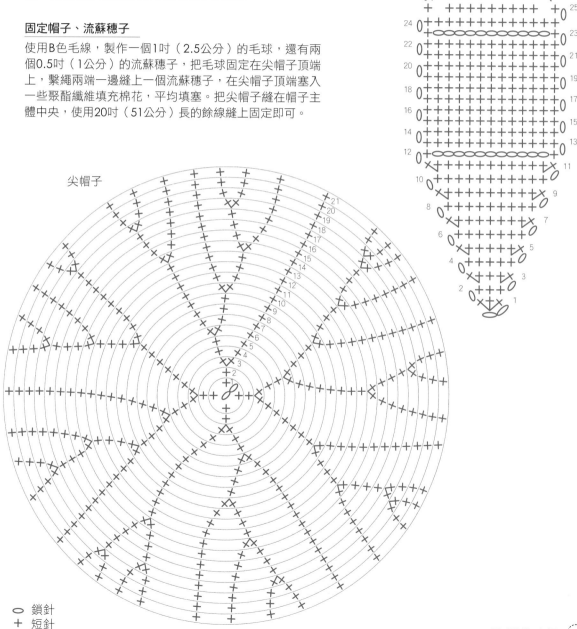

帽子主體

尖帽子

O　鎖針
+　短針

做法：鉤針編織

難度：高手挑戰

>> 尺寸 <<

適合一般體型的成貓

- 貓咪耳朵寬度：2.5吋（6公分）
- 兩耳之間帽寬：2.5吋（6公分）

>> 材料 <<

- 30碼（27公尺）中粗線，A色（黃色）
- 10碼（9公尺）中粗線，B色（白色）
- 10碼（9公尺）中粗線，C色（橘色）
- G6（4 mm）鉤針
- 毛線針
- 聚酯纖維填充棉花

不給糖就搗蛋！
這是一頂格外甜蜜的帽子！

玉米糖帽
CANDY CORN

帽子：高4吋
（10公分）

帽子主體

開始：使用A色毛線，鉤2個鎖針，留一段25吋（64公分）長的毛線。
段1：第二個鎖針內鉤3短針，1鎖針。
段2：3短針，1鎖針。
段3：第一針內鉤2短針，1短針，最後一針內鉤2短針，1鎖針（共5短針）。
段4：5短針，1鎖針。
段5：第一針內鉤2短針，3短針，最後一針內鉤2短針，1鎖針（共7短針）。
段6：7短針，1鎖針。
段7：第一針內鉤2短針，5短針，最後一針內鉤2短針，1鎖針（共9短針）。
段8：9短針，1鎖針。
段9：第一針內鉤2短針，7短針，最後一針內鉤2短針，1鎖針（共11短針）。
段10：11短針，1鎖針。
段11：第一針內鉤2短針，9短針，最後一針內鉤2短針，1鎖針（共13短針）。

第一個耳洞

段12：1短針，11鎖針，最後一針內鉤1短針，1鎖針。

中間段（耳洞和耳洞間）

段13～22：13短針，1鎖針。

第二個耳洞

段23：1短針，11鎖針，最後一針內鉤1短針，1鎖針。
段24：13短針，1鎖針。
段25：1短針，略過1針，9短針，略過1針，1短針，1鎖針（共11短針）。
段26：11短針，1鎖針。
段27：1短針，略過1針，7短針，略過1針，1短針，1鎖針（共9短針）。
段28：9短針，1鎖針。
段29：1短針，略過1針，5短針，略過1針，1短針，1鎖針（共7短針）。
段30：7短針，1鎖針。
段31：1短針，略過1針，3短針，略過1針，1短針，1鎖針（共5短針）。
段32：5短針，1鎖針。

段33：1短針，略過1針，1短針，略過1針，1短針，1鎖針（共3短針）。
段34：3短針，1鎖針。
段35：最後一針內鉤1短針。
鉤25個鎖針製作繫繩，剪斷毛線，穿過線圈拉緊，修剪尾端。在帽子主體開端處鉤25個鎖針，使用一段25吋（64公分）長的毛線。

玉米糖

開始：使用B色毛線，環狀起針。
第1圈：1鎖針，在環狀起針圈內鉤6個短針。
第2圈：6短針。
第3圈：〔接下來這一針內鉤2短針，2短針〕，括號內重複2次（共8短針）。
第4～5圈：整圈鉤短針。
第6圈：〔接下來這一針內鉤2短針，3短針〕，括號內重複2次（共10短針）。
第7～8圈：整圈鉤短針。
第9圈：〔接下來這一針內鉤2短針，4短針〕，括號內重複2次（共12短針）。

換成C色毛線。
第10～11圈：整圈鉤短針。
第12圈：〔接下來這一針內鉤2短針，5短針〕，括號內重複2次（共14短針）。
第13～14圈：整圈鉤短針。
第15圈：〔接下來這一針內鉤2短針，6短針〕，括號內重複2次（共16短針）。
第16～17圈：整圈鉤短針。
第18圈：〔接下來這一針內鉤2短針，7短針〕，括號內重複2次（共18短針）。
剪斷毛線，留一段15吋（38公分）長的毛線，穿過線圈，把帽子裡面翻到外面來，以B色毛線縫合頂部的縫隙，把餘線藏在尖帽子的內側。

固定玉米糖

在玉米糖筒內塞入一些聚酯纖維填充棉花，注意頂端不要弄得太尖，使用C色餘線，把玉米糖縫在帽子主體中央，參考書上的照片縫合固定，把餘線藏到帽子主體下方固定。

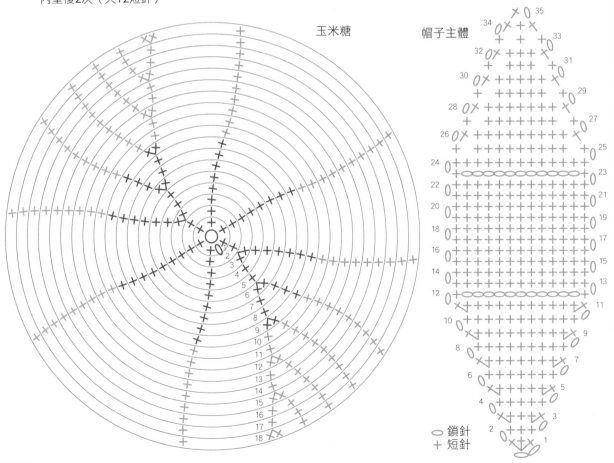

玉米糖

帽子主體

◦ 鎖針
+ 短針

做法：鉤針編織

難度：高手挑戰

>> 尺寸 <<

適合一般體型的成貓

- 貓咪耳朵寬度：2吋（5公分）
- 兩耳之間帽寬：2.5吋（6公分）

>> 材料 <<

- 21碼（19公尺）中粗線，A色（紫色）
- 10碼（9公尺）中粗線，B色（藍色）
- G6（4 mm）鉤針
- 毛線針
- 聚酯纖維填充棉花

葛斯頭上戴著獨角獸帽，
似乎正對什麼著了迷。

一度絕跡的珍稀獨角獸貓，只會出現在異想天開的貓奴家。
帽子頂端加上鮮豔的鬃毛邊飾，更顯特別。

獨角獸帽 UNICORN

帽子主體

開始：使用A色毛線，鉤2個鎖針，留一段3吋（7.5公分）長的毛線。

段1：第二個鎖針內鉤3短針，1鎖針。

段2：3短針，1鎖針。

段3：第一針內鉤2短針，1短針，最後一針內鉤2短針，1鎖針（共5短針）。

段4：5短針，1鎖針。

段5：第一針內鉤2短針，3短針，最後一針內鉤2短針，1鎖針（共7短針）。

段6：7短針，1鎖針。

段7：第一針內鉤2短針，5短針，最後一針內鉤2短針，1鎖針（共9短針）。

段8：9短針，1鎖針。

段9：第一針內鉤2短針，7短針，最後一針內鉤2短針，1鎖針（共11短針）。

段10：11短針，1鎖針。

段11：第一針內鉤2短針，9短針，最後一針內鉤2短針，1鎖針（共13短針）。

第一個耳洞

段12：1短針，11鎖針，最後一針內鉤1短針，1鎖針。

中間段（耳洞和耳洞間）

段13～22：13短針，1鎖針。

第二個耳洞

段23：1短針，11鎖針，最後一針內鉤1短針，1鎖針。

段24：13短針，1鎖針。

段25：1短針，略過1針，9短針，略過1針，1短針，1鎖針（共11短針）。

段26：11短針，1鎖針。

段27：1短針，略過1針，7短針，略過1針，1短針，1鎖針（共9短針）。

段28：9短針，1鎖針。

獨角：高2吋（5公分）

段**29**：1短針，略過1針，5短針，略過1針，1短針，1鎖針（共7短針）。

段**30**：7短針，1鎖針。

段**31**：1短針，略過1針，3短針，略過1針，1短針，1鎖針（共5短針）。

段**32**：5短針，1鎖針。

段**33**：1短針，略過1針，1短針，略過1針，1短針，1鎖針（共3短針）。

段**34**：3短針，1鎖針。

段**35**：最後一針內鉤1短針。

剪斷毛線，留一段3吋（7.5公分）長的毛線，把兩端餘線藏到帽子主體下方固定。

獨角（製作1個）

開始：使用B色毛線，環狀起針。

第1圈：1鎖針，在環狀起針圈內鉤4個短針。

第2圈：每一針都鉤短針，以滑針連接第一個短針（共4短針）。

第3圈：〔接下來這一針內鉤2短針，1短針〕，括號內重複2次（共6短針）。

第4圈：整圈短針。

第5圈：〔接下來這一針內鉤2短針，2短針〕，括號內重複2次（共8短針）。

第6圈：整圈短針。

第7圈：〔接下來這一針內鉤2短針，3短針〕，括號內重複2次（共10短針）。

第8圈：整圈短針。

第9圈：〔接下來這一針內鉤2短針，4短針〕，括號內重複2次（共12短針）。

第10圈：整圈短針。

第11圈：〔接下來這一針內鉤2短針，5短針〕，括號內重複2次（共14短針）。

第12圈：整圈短針。

剪斷毛線，留一段15吋（38公分）長的毛線，穿過線圈拉緊。

固定獨角

從獨角頂端開始藏線，確定合攏所有的縫隙，平均塞入一些聚酯纖維填充棉花，再使用一段15吋（38公分）長的毛線，把獨角縫在帽子主體中央，固定在靠近前緣的地方。

使用B色毛線，剪兩條25吋（64公分）長的毛線，在帽子主體兩側製作繫繩，將一條毛線穿過帽子主體兩側其中一端，做一個圈後鉤25個鎖針，剪斷毛線，在帽子另一邊重複上述步驟即可。

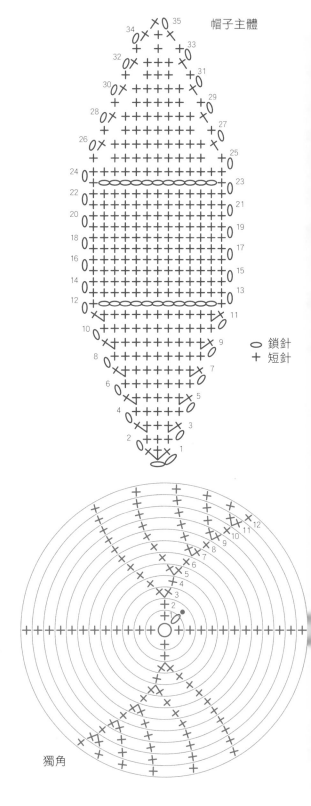

帽子主體

O 鎖針
+ 短針

獨角

做法：鉤針編織

難度：高手挑戰

>> 尺寸 <<

適合一般體型的成貓

- 高度：5吋 (13公分)
- 寬度：3吋 (7.5公分)

>> 材料 <<

- 40碼 (37公尺) 中粗線，A色 (米白色)
- 6碼 (5.5公尺) 中粗線，B色 (藍色)
- 6碼 (5.5公尺) 中粗線，C色 (橘色)
- E4 (3.5 mm) 鉤針
- 毛線針

用這頂馴服眾人的牛仔帽，
讓你家貓咪到蠻荒西部一遊吧！

牛仔帽 COWBOY HAT

牛仔帽

開始：編織這個作品時，記得不要翻面。

使用A色毛線，鉤6個鎖針。

第1圈：第二個鎖針內鉤2短針，接下來三個鎖針每一針內鉤1短針，最後一個鎖針內鉤3短針。沿著鎖針的另一邊繼續鉤，接下來四個鎖針每一針都從後環針鉤1短針，以滑針連接開頭的鎖針，1鎖針（共12短針）。

第2圈：第一針內鉤1個短針，接下來這一針內鉤2短針，4短針，〔接下來這一針內鉤2短針〕，括號內重複2次，4短針，以滑針連接開頭的鎖針，1鎖針（共15短針）。

第3圈：前兩針每一針都鉤2短針，5短針，接下來兩針每一針都鉤2短針，滑針連接下一個短針，從這裡開始鉤下一圈（這麼做可以讓帽子捲起來，成為造型的一部分）。

接下來幾圈利用記號圈標示出開頭，有助計算針目，從第4～13圈，每一圈開頭都鉤1鎖針，結束時都以滑針連結開頭的鎖針。

第4圈：〔5短針，接下來這一針內鉤2短針〕，括號內重複4次。

第5圈：〔6短針，接下來這一針內鉤2短針〕，括號內重複4次。

第6圈：〔7短針，接下來這一針內鉤2短針〕，括號內重複4次。

第7圈：〔8短針，接下來這一針內鉤2短針〕，括號內重複4次。

第8圈：〔9短針，接下來這一針內鉤2短針〕，括號內重複4次。

第9圈：〔10短針，接下來這一針內鉤2短針〕，括號內重複4次。

第10～12圈：整圈短針。

帽簷

第13圈：每一針都鉤2短針，以滑針連接第一個鎖針。

第14圈：每一針都鉤滑針。

剪斷毛線，預留夠長的餘線用來藏線。

塑造帽型

在帽子頂上做兩個尖端，帽尖要朝向耳朵，並且利用開頭餘線在中間拉出凹陷處，縫好固定，翻到帽子反面（內側）可能會比較容易操作，捏塑出尖角，然後縫幾針固定形狀。

翻回帽子正面（外側），把帽簷縫到固定位置，讓
兩邊捲起來，縫三、四針固定輕輕捲起來的邊緣，
可以參考書上的照片。正港的牛仔帽會有使用痕
跡，表示你的捲邊不必縫得很完美，只要記住前緣
和後緣要保持平整即可。縫帽簷能替帽子做最後造
型，所以可依據喜好來調整。對鉤針比較有經驗的
人，可以利用填充的方式讓這頂牛仔帽更加硬挺，
用鉤針鉤一個橢圓形或是小型的帽子主體，把牛仔
帽縫在上面，就可以塞一些棉花進去，可以參考本
書中其他的編織圖製作。

繫繩（製作2條）

使用全部三色毛線各一段，製作兩條辮子繫繩，長
度一碼（90公分），也可以用¼吋（0.5公分）寬的
緞帶或飾帶當作繫繩。

把一條繫繩穿過帽子前面左側（靠近帽簷捲邊的地
方），必要的話可以使用比較大的鉤針輔助穿繩，
接著把另一端從帽子的前面右側拉出來（一樣是靠
近帽簷捲邊的地方），在帽子後面重複上述步驟，
必要時可以參考書上的照片。

佩戴方式

現在牛仔帽下面有四條繫繩了，右邊兩條，左邊兩
條，仔細把左右四條線聚在一起，在下巴的地方打
個蝴蝶結。注意繫繩必須剛好在耳朵兩側一邊一
條，戴起來比較舒服（你家貓咪的耳朵才不會被帽
子壓住）。如果想要調整帽子的大小，調整帽簷的
捲度即可。

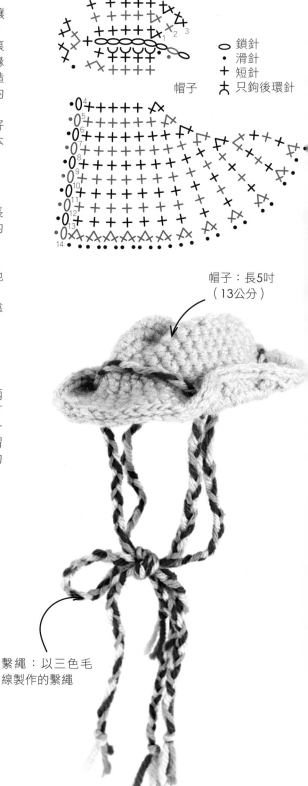

鎖針

滑針

短針

帽子　只鉤後環針

帽子：長5吋
（13公分）

繫繩：以三色毛
線製作的繫繩

呀呼！小藍是鎮上的新牛仔，
多麼帥氣啊！

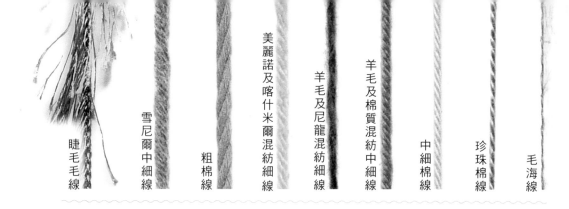

睫毛毛線　雪尼爾中細線　粗棉線　美麗諾及喀什米爾混紡細線　羊毛及尼龍混紡細線　羊毛及棉質混紡中細線　中細棉線　珍珠棉線　毛海線

編織材料與工具
MATERIALS AND EQUIPMENT

編織貓咪帽子最棒的地方，就是不用準備特殊的工具，也不需要很多毛線。

毛線

線材從極細線到超粗線，各種粗細都有，加上每個製造商的毛線都不盡相同，不同的纖維也會有不同的效果，本書中只列出通用的毛線種類，沒有特別說明廠牌。使用前，建議先了解各種毛線的特性，比如飽滿的棉線或有彈性的羊毛，因為成分會影響線材的效果和質地，進而影響到作品成果。你也可以嘗試不同的織密度，如果覺得不對勁，就改用比較小的棒針或鉤針。把毛線依色系分類，存放在透明塑膠容器中，這樣一來，你就可以很方便地選擇適合的毛線了。

棒針

每一頂貓咪帽子的棒針尺寸都有說明，棒針有各種長度，通常是鋁製的，不過尺寸比較大的棒針會改用塑膠製，以減輕重量。本書中大部分的作品可以用一般棒針完成，還有幾個作品是以雙頭棒針操作。

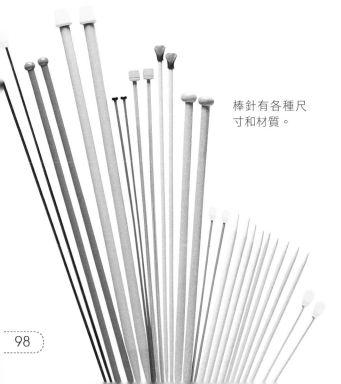

棒針有各種尺寸和材質。

五花八門的鉤針

鉤針

鉤針有很多種尺寸和材質，通常是鋁製或塑膠製。小尺寸的鋼鐵材質鉤針是用來鉤極細線的，也有手工木製、竹製和動物角製的鉤針。

美制和歐洲制的鉤針尺寸標示不同，有些品牌會同時標示出兩種尺寸，可視個人喜好挑選。鉤針的設計對操作是否順手有很大的影響，記得挑一把握起來舒服的鉤針。

段數器很實用！

填充材料和其他工具

聚酯纖維填充棉花

用來填充帽子有好幾種選擇，包括泡棉、棉胎、聚酯纖維填充棉花。我建議使用聚酯纖維填充棉花，這種合成纖維既輕又耐洗，觸感柔軟，也容易恢復原狀，比起其他填充材料，聚酯纖維比較不會擠成團塊，也容易取得。

量尺

測量毛線長度很重要，建議選用同一面有標示吋和公分兩種單位的量尺，兩種尺寸一目了然，有助於操作。

記號圈和段數器

市面上販售的記號圈可以用來標記重複的地方，或是輔助計算針數，段數器也是，可以讓你知道自己進行到第幾段。不過，棒針編織通常不會太難計算，只要記得把棒針上那排針目也算成一段即可。

手邊隨時都要有一把銳利的剪刀備用。

量尺可以讓你確認毛線的用量。

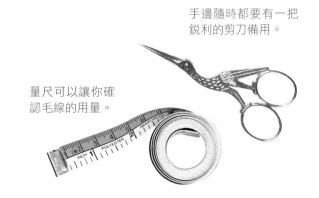

棒針編織技巧 KNITTING TECHNIQUES

下面列出一些編織的基本針法，加上我的建議和技巧解說，對於編織初學者來說，可能比較有挑戰性，但只要一步步學，相信難不倒你。

活結

1．在棒針掛上一個活結，當作起針的第一針。把毛線用左手兩隻手指繞一個圈，整球毛線那端的線在上面，將棒針放進圈裡，挑起整球毛線那端的線，穿過線圈。

2．拉緊兩端線頭，調整活結的鬆緊度，把活結拉到棒針上方，完成第一個針目。

起針

起針的方法有很多種，各有優點。你可以選擇自己喜歡的方式操作。

手指掛線起針

又稱作長尾起針法（long-tail cast on），使用一支棒針操作，能做出有彈性的邊緣。

1．預留一段毛線，長度大約是所需起針長度的三倍，在棒針掛上一個活結。把毛線掛在左手大拇指上，用棒針穿進大拇指上掛的毛線。

2．由整球毛線那端用線做一針，從預留線這端拉緊，繼續用這個方式做出針目，利用拇指打出來的起針，看起來像是一段起伏針。

麻花式起針

以兩支棒針操作，堅固的起針段看起來像是繩索般。

1．在棒針掛上一個活結，用另一支棒針和預留那端的毛線，在左手棒針的活結內打一針，打出來的針目不要放掉，而是掛上左手棒針。

2．把右手棒針穿入左手棒針上兩針之間的空隙，用同樣的方法打出一個針目，接下來繼續用這個方式做出整段針目。

下針起針

做法類似麻花式起針，但是不要穿入兩針之間的空隙，而是把右手棒針像要打下針那樣，穿進每一針的前環圈，這種方法做出來的邊緣比麻花式起針柔軟。

繩編

繩編（I-cord）這種實用的圓繩編，可以用兩支雙頭棒針製作，起針4針（或你所需的針數），依照一般方式編織一段下針，〔不需翻面，把這4針挪移到棒針的另一端，從後面把毛線拉過來，拉緊後繼續編織一段下針〕，由括號〔〕中的做法一直重複到所需要的長度。

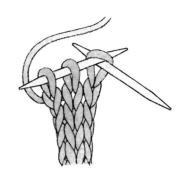

收針打結固定

本書中使用簡單的下針收針法，編織2下針，〔使用左手棒針，把右手棒針上右邊的針目套過左邊的針目後放掉，繼續編織下一針〕，由括號〔〕中的做法一直重複，到棒針上只剩下一針為止，剪斷毛線，把餘線穿過最後這個針目拉緊。

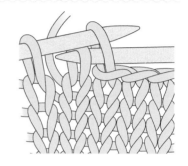

挑針編織

從編織好的作品邊緣先挑起新的針目，再從另一個方向開始編織，使用這種技巧就不必另外起針編織，也不需要縫合。將編織好的作品正面朝向自己，把右手棒針穿進邊緣的針目，在棒針上繞線，然後拉出線圈，做出針目，重複這個步驟做出所需的針數，沿著邊緣平均地挑針，下一段會是反面段。

環狀編織

使用雙頭棒針，將針目平分在三支雙頭棒針上，用另外一支棒針來編織。把第一支和第三支棒針湊在一起，形成一圈，接著用另外一支棒針開始編織第一支（左手）棒針上的針目，織好的針目像一般編織方法一樣，掛到右手棒針上。除非另有說明，環狀編織的時候，正面（外面）一律朝向自己，注意兩支雙頭棒針之間的的線要儘量拉緊，否則會出現縫隙。

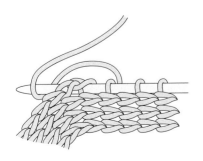

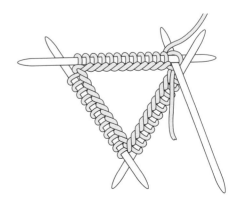

鉤針編織技巧 CROCHET TECHNIQUES

下面列出鉤針的基本針法，以及針法的運用建議。新手可以多嘗試操作幾次，
相信很快便能上手。

活結

1‧在鉤針掛上一個活結，做成一圈來固定第
一段或是第一圈的針目。把毛線用左手兩隻
手指繞一個圈，整球毛線那端的線在前面，
將鉤針放進圈裡，挑起整球毛線那端的線，
穿過線圈。

2‧拉緊兩端線頭，調整活結的鬆緊度，
把活結拉到鉤針上方，完成第一個針目。

鉤織動作

把活結（就是之後的第一個鎖針）用左手
拇指和食指拿著，將毛線繞在左手食指
上，拉緊固定，必要的話也可以繞到小指
上。以右手操作鉤針，轉動手腕，將鉤針
尖端穿到毛線下方，鉤住毛線，穿過鉤針
上的線圈，做出一個鎖針。

鉤住毛線穿過線圈的動作稱為「在鉤針上
掛線」（英文縮寫為yo），可以用來做出
鎖針、滑針，搭配各種不同的組合，就能
鉤出各種針法。

注意

除非另有說明，鉤針應
該要同時鉤起線圈的兩
條線，就是鎖針上面的
兩條線，或者是任何其
他針法上面的兩條線。

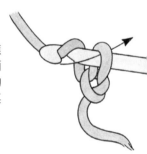

滑針

滑針（sl st）是所有鉤針針法當中最短的一種，主要用於
連接環狀編織圈、接縫，也可以把鉤針和毛線移到不同
的位置。把鉤針在要鉤滑針的位置從前面穿到後面，將
毛線掛到鉤針上（yo），把毛線拉過線圈，同時也拉過
要鉤那個位置上的針目，鉤針上維持一個線圈，就完成
了一個滑針。

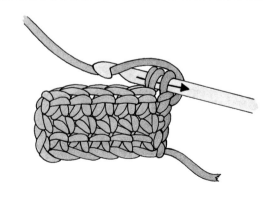

鎖針圈

把幾個鎖針用滑針在第一個針目連在一起，做成一圈，沿著這些鎖針鉤出第一圈針目，鉤的時候從鎖針圈中央鉤出來，如果把餘線端也包進去，鎖針圈就會稍微有點厚度，可以拉餘線端來收緊鎖針圈。

環狀起針

1·環狀起針（Magic ring）的做法是：首先用毛線在兩隻手指上繞一圈，接著用鉤針由整球毛線那端用線，拉出一個線圈，就像要做活結那樣（參考活結做法的步驟1），但是不要把毛線拉緊，用左手拇指和食指平拿著繞出來的線圈，鉤住毛線拉出線圈來固定。

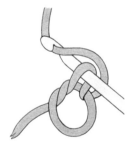

2·每次鉤都把線圈上的兩股線一併蓋住，依照指示鉤出所需的針目，然後拉緊餘線端，收緊環狀起針中間圈的洞，在第一個針目用滑針連接環狀起針圈。

加入新線

參照以下幾種方法，可加入新線或是換上不同顏色的毛線。

利用滑針

任何針法都可以利用滑針加入新線，用新線做一個活結掛在鉤針上，從想接線的地方穿入鉤針，以新線鉤一個滑針，鉤的時候把線拉過活結和作品上要接線的那一針目，接著按照編織圖，繼續以新線編織。

中途換色

鉤到一半的時候如果想換新色線，可以在舊色線鉤某個針目到一半的時候，改用新色線完成那個針目。

1·使用舊色線，在最後一個針目鉤到最後階段的時候停住，此時鉤針上會有兩個線圈，在鉤針繞上新色線。

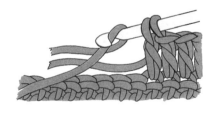

2·繼續以新色線編織，可以先打個結把兩色線繫在一起，接著再剪斷不用的舊色線，留下的餘線大約4吋（10公分）長，最後藏線前記得要把打的結解開。

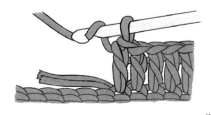

其他技巧 ADDITIONAL TECHNIQUES

本書中全部的貓咪帽子都可以用幾個簡單的技巧組合,下面分享一些我的訣竅和建議。

記號圈

如果需要使用記號圈計算段數或重複的次數,可以改用一段對比色毛線來代替。〔把毛線在針目之間從前面穿到後面〕,由括號〔〕中的做法再重複一次,不需要的時候把毛線抽掉即可。

填充

使用聚酯纖維填充棉花(棉胎),不要用棉絮,因為棉絮比較密,針不容易穿進去。牢牢塞入棉胎,一次放一點,利用棉胎替作品塑型,小心不要塞到變形,放太多會擠成一團,放太少會不夠飽滿。避免用尖銳的工具塞棉胎,可以用鉛筆的橡皮擦端。同色的餘線也可以一併用鉤針塞進去,因為不容易露出來, 把短線頭捲在兩隻手指上,一次一圈塞進去。

尾端

有時又稱為餘線,製作開頭的活結時,應該預留相當長的一段線,之後可以用來縫合作品,也可以用來修飾不夠完美的地方,例如不太順的新舊色交接處,收針拉緊的地方同樣也應該預留夠長的餘線。不需要使用餘線縫合的作品,就把餘線藏到反面固定之後,再組合整頂帽子。

毛球

本書中有幾頂帽子用到毛球，可以使用市面上販售的毛球（塑膠）做球器，
或者裁剪兩張圓形紙板圈。

 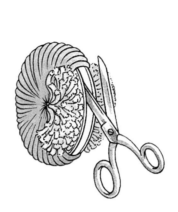 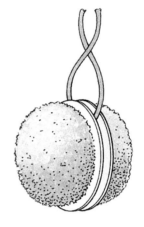

1‧把兩張圓形紙板圈放在一起，用毛線針繞線上去，如圖所示。

2‧從外緣開始加上新線，直到紙板圈上蓋滿繞緊的毛線為止，用剪刀穿進兩張圓形紙板圈中間，沿著邊緣剪開毛線。

3‧用一段毛線從兩張圓形紙板圈中間繫緊毛線，打結牢牢固定，接著拿掉紙板，修剪毛球，用打結後的餘線把毛球固定在帽子上。

連接棒針編織和鉤針編織織片

起針或收針時，最好都預留一段比較長的餘線，可以用來縫合織片，本書中的作品都有說明需要預留毛線的地方，仔細把織片放在要縫的地方，必要的話可以先用珠針固定，再以毛線針和餘線（或是一段同色系毛線），沿著邊緣直立縫到主體作品上，只要使用同色毛線，縫上去的針目應該就不容易看出來。縫好以後，把剩下的毛線拉到作品背面（通常是帽子下方），打幾個結固定，藏好餘線。

英文編織縮寫
ABBREVIATIONS

看懂以下的編織縮寫，可以幫助你
閱讀國外的書籍，看不懂英文也能
編織作品。

一般通用

rep：重複
rnd(s)：圈
RS：正面
st(s)：針目
WS：反面

棒針編織

dpn(s)：雙頭棒針
k：下針
k2tog：左下兩併針
kfb：下針加針（在同一針目中
前後都各編織一個下針，共做
出2針）。
p：上針

鉤針編織

beg：開頭
○ / ch：鎖針
＋ / sc：短針
• / sl st：滑針
sp：位置
yo：掛線。把毛線移到前面，
掛在鉤針上做出一個針目。

看懂編織圖
READING CHARTS

本書中每個鉤針設計都附有符號編織圖，
可以參考文字說明操作。
符號編織圖畫的是作品的正面。

段數編織圖

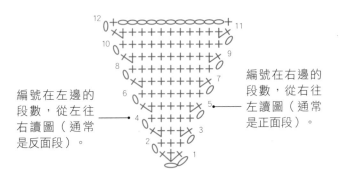

編號在左邊的
段數，從左往
右讀圖（通常
是反面段）。

編號在右邊的
段數，從右往
左讀圖（通常
是正面段）。

圈數編織圖

圓形編織從中間開始，以逆時鐘方向
讀圖（就是編織作品的方向）。

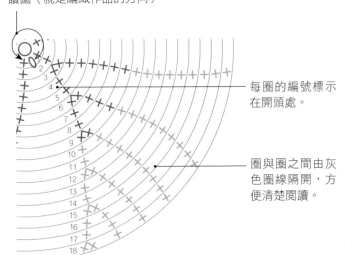

每圈的編號標示
在開頭處。

圈與圈之間由灰
色圈線隔開，方
便清楚閱讀。

本書使用的毛線 YARNS USED

感謝Lion Brand慷慨贊助本書中使用的毛線，以下列出每頂帽子用的毛線品名和顏色。讀者製作時，也可使用適合書中作品棒針或鉤針號碼的線，變換使用。

P.8〜11 恐龍帽
A：Jiffy，酪梨綠色
B：Wool Ease，南瓜色

P.12〜13 泡泡毛球帽
A：Wool Ease，海浪色
B：Wool Ease，紅莓色

P.14〜17 草莓帽
A：Cotton Ease，櫻桃色
B：Kitchen Cotton，豌豆色
C：Cotton Ease，雪花色

P.18〜19 南瓜帽
A：Kitchen Cotton，南瓜色
B：Cotton Ease，萊姆色

P.20〜21 運動帽
A：Wool Ease，牧場紅
B：Vanna's Choice，白色
C：Wool Ease，海浪色

P.22〜23 春日小雞帽
A：Romance，熱情黃
B：Fun Yarn，黑色
C：Kitchen Cotton，南瓜色

P.24〜27 龐克髮型帽
A：Vanna's Choice，黑色
B：Roving Wool，桃紅色

P.28〜29 兔子帽
Nature's Choice Organic Cotton，
杏白色

P.30〜33 火雞帽
A：Jiffy，咖啡色
B：Fun Yarn，紅色
C：Fun Yarn，黑色
D：Kitchen Cotton，南瓜色
E：Wool Ease, 漁人白

P.34〜35 花朵帽
A：Kitchen Cotton，辣椒紅
B：Wool Ease，藍石南

P.36〜37 紅心帽
A：Jiffy，咖啡色
B：Jiffy，紅辣椒

P.38〜39 外星人
A：Vanna's Choice，豌豆綠
B：Vanna's Choice，黑色

P.40〜41 鹿角帽
Jiffy，咖啡色

P.42〜43 派對帽
A：Vanna's Choice，覆盆莓色
B：Wool Ease，漁人白
C：Vanna's Choice，薄荷綠

P.44〜45 巫婆帽
A：Kitchen Cotton，葡萄紫
B：Kitchen Cotton，豌豆色

P.46〜47 杯子蛋糕帽
A：Vanna's Choice，淺粉紅色
B：Vanna's Choice，深粉紅色
C：Vanna's Choice，天使白

P.48〜49 香蕉帽
A：Baby's First，蜂蜜色
B：Wool Ease，可可色

P.50〜53 聖誕老人帽
A：Jiffy，紅辣椒
B：Jiffy，白色

P.54〜55 精靈帽
A：Jiffy，蘋果綠
B：Jiffy，紅辣椒

P.56〜59 高頂禮帽
A：Fun Yarn，黑色
B：Vanna's Glamour，
　月光石色

P.60〜61 澎澎毛球帽
A：Vanna's Choice，覆盆莓色
B：Vanna's Choice，蕨草綠

P.62〜65 獅子帽
A：Vanna's Choice，蜂蜜色
B：Wool Ease，深橘色

P.66〜69 狐狸帽
A：Wool Ease，深橘色
B：Wool Ease，漁人白
C：Fun Yarn，黑色

P.70〜73 小熊帽
A：Heartland Yarn，棕色
B：Wool Ease，漁人白

P.74〜77 小狗帽
A：Wool Ease，漁人白
B：Heartland Yarn，棕色

P.78〜81 鯊魚帽
A：Kitchen Cotton，微風藍
B：Kitchen Cotton，紅色
C：Kitchen Cotton，香草白

P.82〜85 聖誕貓咪帽
A：Vanna's Choice，鮮紅色
B：Vanna's Choice，白色

P.86〜89 玉米糖帽
A：Kitchen Cotton，柑橘黃
B：Kitchen Cotton，香草白
C：Kitchen Cotton，南瓜色

P.90〜93 獨角獸帽
A：Vanna's Choice，紫灰色
B：Vanna's Choice，水藍色

P.94〜97 牛仔帽
A：Vanna's Choice，米白色
B：Kitchen Cotton，微風藍
C：Wool Ease，深橘色

索引 INDEX （以注音符號首字母排序）

想編織哪頂帽子？新手的你想從基本技巧學起？
以下索引幫助你快速找到作品和技巧頁面！

參與拍攝的貓咪

感謝出現在本書中的貓咪模特兒和家人！

安娜尼可（黑白短毛家貓），飼主蘇菲‧布雷瑪（Sophie Bremaud），出現在p.78～81。

小藍（灰色塞爾凱克鬈毛貓），飼主愛力森‧海沃德（Alison Hayward），出現在p.94～97。

黛西（黑白短毛家貓），飼主賽門‧貝克（Simon Baker），出現在p.53。

多米諾（黑白長毛家貓），飼主溫迪‧卡特爾（Wendie Cattell），出現在p.66～67、p.74～77。

葛蕾西（緬因貓），飼主克萊爾‧鄂西（Clare Earthy），出現在p.22。

葛斯（灰色短毛家貓），飼主利亞‧普拉多（Leah Prado），出現在p.14～17、p.39、p.48、p.90～91。

荷莉（緬因貓），飼主克萊爾‧鄂西（Clare Earthy），出現在p.28、p.89。

哈克（緬因貓），飼主克萊爾‧鄂西（Clare Earthy），出現在p.29、p.51、p.93。

賈斯柏（黑棕色長毛家貓），飼主凱瑟琳‧西恩（Katherine Shone），出現在p.24～27、p.40右邊。

潔西（長毛家貓），飼主溫迪‧卡特爾（Wendie Cattell），出現在p.86～87。

李洛伊（淡紫灰色立耳蘇格蘭折耳貓），飼主喬安娜‧貝特爾（Joanna Bettles），出現在p. 8～11、p.18～19、p.47。

林克（伯曼貓），飼主羅滋‧布萊爾（Rozi Blair），出現在p.35、p.44～45、p.34～35。

莫奇（英國短毛貓混暹羅貓），飼主西蒙娜‧霍根（Simone Hogan），出現在p.43、p.56～59、p.60、p.82、p.84。

波西（白底橘色短毛家貓），飼主蘇菲‧布雷瑪（Sophie Bremaud），出現在p.36～37、p.40左邊。

波皮（虎斑短毛家貓），飼主賽門‧貝克（Simon Baker），出現在p.62～65、p.83。

雷邱（黑白短毛家貓），飼主溫迪‧卡特爾（Wendie Cattell），出現在p.61。

小薇（橘白色阿比西尼亞），飼主阿里克‧泰勒（Alix Taylor），出現在p.54、p.70～73。

另外還要感謝攝影師麗滋‧柯爾曼（Liz Coleman）和菲爾‧威爾金斯（Phil Wilkins），他們不但有創意、有才氣而且又超有耐心。